Algo parecido al verdadero amor

Algo parecido al verdadero amor

Cristina Petit

Traducción de Elena Martínez Nuño

rocabolsillo

Título original: *Qualcosa che somiglia al vero amore*

Primera edición en este formato: mayo de 2017

© de la traducción: 2016, Elena Martínez Nuño
© de esta edición: 2016, 2017, Roca Editorial de Libros, S. L.
Av. Marquès de l'Argentera 17, pral.
08003 Barcelona
actualidad@rocaeditorial.com
www.rocabolsillo.com

© del diseño de portada: Sophie Guët
© de la imagen de cubierta: iStock / martinedoucet

Impreso por LIBERDÚPLEX
Ctra. BV-2249, km 7,4, Pol. Ind. Torrentfondo
Sant Llorenç d'Hortons (Barcelona)

ISBN: 978-84-16240-82-1
Depósito legal: B. 8049-2017
Código IBIC: FA

RB40821

A ti, Silvio,
amor mío del alma

Los hechos y los personajes son obra de la fantasía de la autora que, si el azar de la vida lo permite, no dudará en iniciar aquello que experimenta la protagonista de este libro.

Soplaba un viento fuerte, propio de un cielo gris, que levantaba las faldas de las señoras paradas en la acera mientras esperaban para cruzar.

Ese tiempo que convida a presagiar el fin del mundo o el principio de algo maravilloso.

Fue allí donde la vi por primera vez, agarrada a un paraguas para no salir volando. Yo estaba en el coche, contemplando el apocalipsis, y la vi resistiéndosele. Quería detenerme, pero el semáforo se puso en verde, y no tuve el valor de parar para conocer a la mujer de mi vida. Por el retrovisor observé cómo se alejaba, y no me vio. Y no me vería quién sabe por cuánto tiempo más.

1

El día en que Clémentine entró por primera vez en el número 14 de la Rue Le Monde, sintió que estaba haciendo lo correcto.

Había firmado la herencia por la mañana, con el notario Dupont, y había sido precisamente él quien sacó de un sobre amarillo un llavero, con forma de naranja, que contenía dos pequeñas llaves. Había dado luego un paseo por los jardines más próximos, mientras estrechaba las llaves en el bolsillo: las tocaba y caminaba, pensando que estaba a punto de ver la casa de una señora que no había conocido.

La tía Violette, esposa de un primo de la abuela de Clémentine, había nacido y crecido en Bretaña, pero no se había movido nunca de allí. La llamaban tía, pero quizá no fuera lo apropiado.

En cualquier caso, Violette no le había dejado a ella expresamente el apartamento: la decisión procedía de las casualidades de la vida y de muertes prematuras. Esto disgustaba un poco a Clémentine, y fueron necesarios al menos quince minutos de paseo para que alejara esa sensación de desagrado. Justo el tiempo para pensar que la tía Violette, probablemente, ni siquiera había visto nunca el piso, porque se trataba, a su vez, de una herencia de parientes parisinos; además, lo tenía alquilado y estaba, mira por dónde, libre desde hacía seis meses. En definitiva, al final, la tía Violette había dejado, sin quererlo, una casa a una persona que no conocía.

Nada mal, en el fondo.

Cómico sin duda.

En la notaría supo que el contenido del apartamento estaba también destinado a la señorita Clémentine Poli, ya que su madre, hacía algunos años, había renunciado en su favor a la herencia.

Una vez superado el leve sentimiento de culpabilidad por haber recibido una casa como regalo, Clémentine se vio atrapada por la curiosidad acerca de lo que encontraría en ella.

Abrió el gran portón de madera con las dos manos y un hombro porque era bajita y delgada. El portal estaba oscuro y olía a tabaco y a lluvia; los buzones de madera estaban en la pared de la derecha y el ascensor al frente, junto a la escalera de caracol.

Eligió la escalera, para poder ver más cosas.

Los escalones de madera crujían bajo sus zapatitos rojos, tipo merceditas. En cada planta había tres pisos y en cada puerta, una placa de latón con el nombre correspondiente. Acababa de pasar la primera planta cuando oyó una voz que provenía de abajo:

—¿Quién sube?

Se detuvo, petrificada. No estaba haciendo nada malo. No era culpa suya si no había visto nunca a la tía Violette, ni si ahora poseía su apartamento; no había deseado que todos los sobrinos hubieran muerto antes que ella, ni que las otras tías no hubieran tenido hijos…

—¿Quién sube?

Se dio la vuelta y se asomó por la barandilla para mirar. Un rayo de sol que penetraba por la ventana de la escalera iluminaba una cabeza canosa y una mano que la cubría del sol para poder mirar hacia arriba.

—¿A quién busca?

Clémentine se dispuso a bajar, pasó frente a los apartamentos y llegó al pie de la escalera, donde encontró a un hombre bajito y agradable que llevaba un chaleco verde y unas rosas en la mano.

El hombre sonrió y le miró los zapatos.

Ella miró las rosas y le tendió la mano.

—Perdone que le haya llamado la atención, pero he notado un ruido en la escalera y como no había oído abrirse el portal porque estaba cortando las rosas, quería saber quién era. Soy el portero y me llamo Hector. Hector Duval. ¿Con quién tengo el placer de hablar? —preguntó mientras inclinaba ligeramente la cabeza.

—Me llamo Clémentine Poli, perdone si lo he asustado…

—Nada de sustos, es que tengo que saber quién entra y quién sale porque soy el *portero*.

Mantenían todavía las manos enlazadas en medio del hilo de luz que iluminaba la oscuridad del portal.

Él fue el primero en percatarse y le dijo:

—¿Usted sabe por qué la gente se da la mano?

—No…

—Es un gesto muy antiguo: se usaba para indicar que no llevabas armas y que ibas en son de paz. Bienvenida a mi edificio, bueno, no del todo mío, pero sí un poco porque aquí he vivido toda mi vida.

—Gracias, señor Duval…

—Mejor Hector, señorita Poli, que para un recogerosas y vigila-puertas es suficiente.

—Pues Clémentine es más que suficiente para una chica de veintisiete años.

—¡De acuerdo entonces! Pero ¿qué la trae aquí, al 14 de la Rue Le Monde?

—Verá... yo... he heredado hace poco un apartamento de este edificio, creo que está en la última planta... —contestó, tratando de vencer definitivamente la sensación de culpabilidad de aquel día.

Hector permaneció inmóvil, absorto, con la mente en un lugar indefinido, para entender de qué persona y de qué piso de su edificio se trataba. Clémentine se permitió ayudarlo en el esfuerzo de comprensión que estaba haciendo. Con enorme tacto, sin embargo, ya que sin duda Hector llevaba a cabo su papel profesional de una manera más que perfecta.

—Es la casa que pertenecía a Violette...

—¡Claro, Violette Lebec! ¿Ha muerto? —preguntó frunciendo el entrecejo repentinamente.

—Sí...

—Lo siento, señorita, no lo sabía, pero ¿estaba enferma?

—La verdad es que creo que fue debido a su avanzada edad...

—-... ¡y el Señor se la ha llevado consigo...!

—Pues sí, debe de haber sido como dice usted... —Y de nuevo se sintió culpable de no saber siquiera cómo habían sido las últimas horas de la persona que le había regalado un apartamento en el centro de París.

—¿Quiere que la acompañe, señorita?

La pregunta presuponía dos respuestas, y en ambos casos había pros y contras. El buen talante imponía aceptar; el estado de ánimo, quizá, rechazar.

Prevaleció el buen talante con escapatoria.

—Como quiera, Hector, no querría incomodarlo; creo que puedo encontrarlo, pero si...

—Señorita, el *portero* se encarga de las puertas, ¿y

acaso usted no tiene que buscar una puerta? Que, además, ni siquiera sabe cuál es…

Impecable.

Hector era verdaderamente profesional. Amaba su oficio y a aquel edificio y sabía que, sin él, habría sido mucho más duro. No tenía nada que perder ni que ganar en la vida, por eso le gustaba cuidar de su jardín y de las flores. Estaba enamorado de su perfección, de su elegancia. Los adoraba porque eran uno de los ejemplos más magníficos del *carpe diem*. Hector había hecho del presente su objetivo. Hay sabios que necesitan años de meditación: él lo había aprendido estando al lado de su mujer, destrozada por una enfermedad cruel. Porque una mañana, de pronto, había dejado de reconocer a su marido y su casa, a su niño, a sus flores e incluso su pasado. Una tachadura indeleble, inesperada y repentina como un escalofrío. Un hombre sencillo, que en su vida solo había cultivado flores, no habría podido nunca imaginar que pudieran ocurrir ciertas cosas, sobre todo a él en particular. Por lo menos a las flores no les suceden. Naces, creces, llegas al máximo de la belleza y de la fuerza, y luego, lentamente, mueres. Hector pensaba que también así habría transcurrido su vida y la de su mujer. Y de las flores había aprendido la lección: la flor pierde la frescura, pero la memoria de su perfume permanece. De su amada Hortense sin memoria, le había quedado el perfume de los días junto a ella y había hecho de aquel perfume la compañía de los días futuros, aun antes de que ella muriera. La muerte fue solo el final de un final.

Hector abrió camino a Clémentine, ella lo siguió.

Escaleras arriba, él tosía y ella tragaba saliva; él se

agarraba al pasamanos y ella se colocaba el pelo por detrás de las orejas.

A medida que subían, mirando por las ventanas de la escalera, los coches aparcados se veían cada vez más pequeños, y la emoción de Clémentine era cada vez mayor.

Al llegar arriba de todo, se detuvieron. No debía darse nada por descontado.

Clémentine estrujó las llaves que aún tenía en el bolsillo y comprendió que le tocaba a ella. Pasó delante de Hector y se dirigió hacia la única puerta del rellano.

El portero se aclaró la voz y dijo:

—Yo me marcho, señorita…

En ese preciso instante, ella tuvo la confirmación de un presentimiento que la asaltó a los pocos minutos de estar hablando con Hector: el buen hombre no respondía al cliché del portero cotilla. Se sintió deudora de esa profunda delicadeza. Él empezó a bajar la escalera, enseguida se dio la vuelta de nuevo y dijo:

—Entrar en casa con unas flores da alegría, ¡tenga!

Le tendió las rosas blancas que habían reposado en su brazo, y ella se acercó para cogerlas.

Con un gesto pasado de moda pero muy noble, él se las dio e hizo un saludo militar antes de irse.

—… gracias Hector…

—Para servirla, señorita Clémentine, que le vaya bien —gritó, ya desde una planta más abajo.

2

Con las flores en una mano, tratando de no pincharse, y las llaves en la otra, girándolas en la cerradura, Clémentine se quedó sola.

La puerta se abrió sin esfuerzo y, de inmediato, percibió un olor de polvo y miel. Estaba oscuro, pero no tanto como para no apreciar el contorno de las cosas. Buscó a tientas el interruptor de la luz y lo encontró a la derecha.

Se encendió una lámpara colocada en una pequeña mesa, junto a un sillón de terciopelo rojo. Al frente, vio un perchero de hierro forjado, en lo que debía de ser la entrada de su nuevo apartamento. Y paraguas, muchos, muchísimos paraguas de colores en un antiguo paragüero.

Depositó las rosas en el sillón y avanzó dejando la puerta abierta de par en par, como diciendo: he entrado, pero puedo salir cuando quiera.

Además del sillón, había dos puertas abiertas: una ante ella y otra a la derecha.

En las habitaciones, a través de los postigos, se filtraba la luz de esa tarde de septiembre.

Le encantaban los postigos, entre otras cosas, por eso

mismo: no cerraban completamente, se podía adivinar el tiempo que hacía fuera... y además, por el impacto estético. La persiana abofeteaba las fachadas de los edificios; los postigos, por el contrario, guiñaban el ojo. La construcción había sufrido un gran revés con la aparición de la persiana enrollable: esto pensaba Clémentine cuando se hallaba en la periferia parisina o en algunas ciudades de Italia, donde se habían instalado excesivas persianas en edificios horrendos que no se habían proyectado pensando en la historia de uno de los países del mundo con mayor cantidad de historias.

Italia, a la que adoraba y a la que pertenecía en parte.

En la parte que correspondía a su padre para ser exactos: Neri, toscano auténtico, que estudió literatura francesa en La Sorbona y que perdió la cabeza por la nariz respingona de Blanche, su madre.

De su padre, Clémentine había heredado la pasión por las historias y había aprendido a manejarse siempre con soltura en cualquier situación; de su madre, tenía la forma de la nariz y la actitud exquisitamente francesa de ser natural y elegante a la vez.

Sabía que sus raíces pertenecían a dos países maravillosos que, desde niña, la habían gratificado tanto desde un punto de vista cultural, como humano. Templaba la exuberancia italiana con la compostura francesa, sabía cocinar la pasta de todas las formas posibles y, de la misma manera, finas crepes.

Desde pequeña había vivido tanto en Italia como en Francia. Actualmente, sus padres se habían retirado a Fuerteventura donde pasaban seis meses al año y los otros seis se dedicaban a viajar libres y tan enamorados como el día en que se conocieron en la biblioteca de la universidad. Clémentine se los imaginaba: ella con un ligero jersey amarillo ceñido y una falda verde de tablas, él con una camisa a cuadros y gafas de cristales gruesos.

Adoraba a sus padres. Hacían bien en viajar por el mundo, y todos los años se reunían por Navidad. Estaban en París lo suficiente como para que no se notara demasiado su ausencia, pero al mismo tiempo sin llegar a hacerse pesados. Su familia se distinguía por esto, y ella les estaría siempre agradecida.

No eran ricos, aunque gestionaban bien lo que tenían. El padre había escrito una biografía de Camus que nació como un estudio sobre el autor, pero que luego se convirtió en un éxito de ventas. Tendría que haber sido la enésima biografía destinada a entusiastas y estudiosos de la literatura francesa, y sin embargo, gracias a lo que Neri descubrió investigando en Budapest, el libro cambió de género, en cierto sentido. El editor se dio cuenta del alcance de la información y el impacto que causaría en Francia y en todo el mundo. Apoyó al padre de Clémentine en las investigaciones y lo animó con una pasión que se da solo en pocos editores: aquellos que han montado una editorial pensando que un libro puede cambiar la historia del hombre.

Y el señor Lucien, fundador de la que más adelante se convertiría en una de las editoriales más importantes de Francia, conocía bien su oficio; se percató de que Neri Poli debía seguir su intuición.

Neri sabía que Albert Camus, a lo largo de su vida, había dicho en más de una ocasión que una de las maneras más absurdas de morir era en un accidente automovilístico. En el bolsillo del escritor, fallecido precisamente en un choque mortal, se encontró un billete de tren sin utilizar.

Si hubiera cogido ese tren, no habría muerto.

El padre de Clémentine pensaba a menudo en la opinión del escritor sobre la muerte y en aquel billete, decidido a saber exactamente qué fue lo que ocurrió la mañana del 4 de enero de 1960.

El libro debería haberse titulado simplemente *Vida de Albert Camus* y habría corrido el riesgo de quedarse en los estantes de las bibliotecas de humanidades cogiendo polvo. No obstante, se cambió el título por *El affaire Camus*, lo cual favoreció la venta de un número de ejemplares disparatado, la obtención de algún premio, la traducción a doce idiomas e incluso la adaptación para el guion de una película.

Durante casi medio siglo se creyó que la causa del accidente que provocó la muerte de Camus fue la rotura repentina de alguna pieza del coche, pero años después, una muerte acaecida mucho más lejos, al este de Francia, arrojó al fin alguna aclaración sobre el fallecimiento del escritor: la muerte del intelectual checo Jan Zabrana.

Su esposa, Maria Zabranova, conservaba algunos documentos que había mostrado personalmente al padre de Clémentine durante un viaje que este hizo a Praga para entrevistarla.

Los poemas y los diarios de Jan, escritos entre 1970 y 1984, se habían recopilado, como un compendio, en el libro *Toda una vida*, publicado en Italia y en Francia. Al analizar con atención la traducción francesa y la italiana, respecto al original checo, Neri advirtió la omisión de una parte fundamental, en la que Zabrana relataba un encuentro que había mantenido con un conocido ruso, ligado evidentemente a la KGB:

> He oído decir algo muy extraño a un hombre que sabe muchas cosas y que dispone de fuentes fiables. Afirma que el accidente de carretera en el que, en 1960, se vio involucrado y perdió la vida Camus, fue orquestado por el servicio de espio-

naje soviético. Gracias a un sofisticado dispositivo que entraba en acción a altas velocidades, se provocó la explosión de un neumático del automóvil. La orden para esta operación fue dada personalmente por el ministro Shepilov, como «recompensa» por el artículo de Camus, publicado en *Franc-Tireur* en marzo de 1957, en el cual, en relación a los hechos de Hungría, lo atacaba, nombrándolo explícitamente…

La constancia en perseguir un presentimiento dio frutos al profesor Poli para poder vivir con tranquilidad, y se dedicó a lo que más le gustaba: leer y viajar. Dejó la cátedra de humanidades unos años antes de jubilarse, y Blanche había seguido escribiendo sus artículos de cultura y mandándolos semanalmente a *Le Monde*, desde el rincón del mundo en que se encontrara con su marido.

Su vida no tenía nada que ver con el lujo, sino con el deseo de estar cada vez más unidos para resistir juntos los avatares del futuro que avanzaba.

3

De pie ante las dos puertas, Clémentine se sintió como en un cuento donde se elige el camino bueno. Se encaminó al frente, y el suelo de grandes tablas de madera subrayó sus pasos, aunque eran ligeros.

Se percató de que la habitación era amplia.

Los haces de sol que se filtraban hacían danzar mil motitas de polvo. Siguió la luz para llegar a la ventana, palpó el marco, encontró el picaporte que debía de ser de latón y lo giró. Abrió las vidrieras que estaban un poco endurecidas, y después los postigos con un gesto enérgico que traslucía cierta emoción.

Entró en París en un abrir y cerrar de ojos. Estaba ahí, con sus tejados, las calles y las agujas de sus monumentos, el río y los árboles que intentaban dejarse ver. Era tal la belleza y la intensidad de lo que contemplaba que tuvo que apoyarse en el antepecho de hierro de la ventana.

Se encontraba sin duda en el estudio. Las paredes estaban cubiertas hasta el techo de estanterías de madera hechas a medida. La mayoría de las baldas estaban vacías, aunque había algún folio aquí y allá, algunos libros y mucho, muchísimo polvo. Todavía inmóvil, recostada en la ventana, no se atrevía a moverse para no despertar de la ensoñación. Recorrió la madera con los dedos y se dio cuenta de que no se interrumpía en ningún momento: no había pared; incluso la puerta por la que había entrado estaba como encastrada en la librería.

Aquella habitación era lo que ella tenía en mente cuando pensaba en su idea: no era posible que estuviera ya allí, a punto, sin ningún esfuerzo. No era posible; son cosas que ocurren en las películas o en los libros, pero no en la vida de Clémentine Poli, que desde ese día iba a cambiar profundamente.

La habitación era amplia, en efecto, y en un rincón había un pequeño escritorio y una silla. Debía de ser muy viejo, parecía haber salido de un despacho de una estación de tren o de correos. Sobre él había las clásicas cosas que, al hacer una mudanza, se quedan fuera de las cajas: algún clip, pequeñas hojas para notas, uno o dos bolígrafos y poco más. El escritorio tenía cajones, pero no los abrió. Junto a una de las dos ventanas vio que había otro sillón, verde, gemelo del rojo de la entrada.

Ni siquiera sabía si seguir viendo la casa. Casi tenía miedo de lo que encontraría. Apartó la silla de la mesa y allí se quedó, agotada por los acontecimientos.

Permaneció quieta un rato, mirando cosas que no había, pensando en los días que vendrían dentro de aquella habitación, imaginando palabras y estanterías llenas. Cuando se recuperó, comprendió que el tiempo no era infinito y que el futuro llamaba: antes o después debía ver el resto de la casa.

Se dirigió a la puerta, fue hasta la entrada y pasó a la segunda habitación.

Repitiendo los gestos que ahora ya conocía, se acercó a la ventana, consciente de que no iba a tropezar con nada. La abrió con fuerza y oyó volar a unos pájaros.

Ventana, cristales, picaporte... En un instante volvió a sumergirse en París, pero esta vez por un lateral. El París apartado del clamor, el más íntimo y secreto, de callejones y patios interiores. De gatos y ropa tendida. Lo amó como al otro, o quizá más aún.

La habitación era más pequeña, pero seguía siendo muy grande. Estaba vacía, aunque se notaba dónde había estado la cama y un armario. Las paredes eran celestes como el cielo y le parecieron bonitas.

No sabía qué hacer en ese momento, pero tuvo la sensación de que algo no iba bien.

Volvió a la entrada donde la luz se había quedado encendida. Miró alrededor: sillón, mesita, perchero, puerta de entrada que seguía abierta de par en par. Fue a cerrarla, y al hacerlo, descubrió en la pared de al lado otra puerta, de esas hechas a propósito para quedar escondidas en el muro. La abrió sin dudar y sintió el olor de los olores, ese que encierra todas las comidas del mundo: el de la madre, el del colegio y el de las tardes en casa de la abuela. La ventana de la cocina se abrió a la enésima sorpresa que la paralizó, porque los pies no estaban dispuestos a proseguir: una terracita sobre los tejados de París. Una terracita en la que había una mesa, dos pequeñas sillas y algunas macetas rotas por el suelo. Era verdaderamente demasiado, el golpe de gracia del día. Demasiado en un solo día, demasiado para una persona, con grandes sueños, eso sí, pero al fin y al cabo una Clémentine Poli cualquiera.

Inmóvil, con los ojos cerrados, se quedó sentada en la cocina no se sabe cuánto tiempo. Al no llevar reloj, probó a orientarse con el sol, que en ese momento estaba sobre la torre Eiffel, o sea, atardeciendo. Se levantó, se estiró el vestido de lunares pequeños con un gesto rápido y salió a la terraza. El aire, el perfume de los tilos, los pajaritos y los gritos de los niños que jugaban habrían sido un buen motivo para quedarse hasta la noche, si no hubiera sido por la cita para cenar.

Llegó incluso a asomarse y, al mirar abajo, vio unas rosas. Oyó el ruido de unas tijeras. A propósito... ¿dónde había dejado las rosas de Hector?

Fue corriendo a la entrada y cuando volvió a la cocina con las rosas en la mano, se quedó una vez más sin respiración. Absorta por la visión de la terraza, ni siquiera se había percatado de que en la cocina había una alacena de madera antigua, una mesa también de madera con la superficie de mármol blanco, la pila de porcelana y, al lado, una encimera con los fuegos visibles, como las de antes.

Buscó un jarrón para las rosas. Abrió la alacena, y aunque estaba medio vacía, encontró una jarra; fue al grifo decidida, lo accionó, pero no salió nada.

El agua no estaba dada, lo que demostraba que no era todo un sueño.

Rápida, buscó —arriba, abajo— dónde podría estar la llave general del agua. Se dirigió otra vez a la entrada y abrió la última puerta secreta en la pared de detrás del paragüero. Encontró el baño. No se dejó llevar por la emoción de un pequeño mosaico blanco ni de una vieja bañera, como habría ocurrido si no hubiera estado ocupada en buscar la llave de paso que encontró detrás del inodoro.

Regresó a la cocina y, por fin, salió agua del grifo, primero de todos los colores y luego incolora, y fue la apropiada para las bellas rosas de Hector.

4

—Michelle, cielo, ¿cómo estás?

—¡Hola, Clémentine! ¡Ven aquí para que pueda darte un beso como Dios manda!

Eran amigas desde hacía tanto tiempo que ya ni siquiera lo recordaban. Muy distintas entre sí, pero muy parecidas por algunos pequeños y sustanciales matices: ambas amaban la vida en todas sus formas y se entregaban a ella en cualquier circunstancia; creían en la fuerza de las relaciones humanas y les entusiasmaba ir al cine. Esto era suficiente para considerarse seres que se han elegido y que se protegen el uno al otro. Llevaban vidas verdaderamente diferentes, pero se reservaban al menos un día al mes para hablar e ir a ver juntas una película. Michelle tenía ya un hijo, el pequeño Martin, de tres años. Había nacido hacia el final de la universidad y había sido todo un regalo. Michelle y Léo estaban juntos desde hacía unos años, y Clémentine sabía que Martin no podía tener mejor suerte. Su madre daba clases de teatro a niños y el padre practicaba musicoterapia con ellos. Se conocieron en un congreso y ya no se separaron. Clémentine se sentía a gusto también con Léo y a menudo iba a cenar con la pareja, pero tenía que salvaguardar su relación de grandes amigas. Cuando ella estaba todavía con Jean, con frecuencia salían los cuatro, pero después de la ruptura, prefería cuidar de Martin y mandar a Michelle y a Léo por ahí para que disfrutaran de una velada entera para ellos.

—Pero entonces, ¡¿cómo es?!

—¡Ah, Michelle, es «el piso»!

—¡No me digas que tiene incluso la terraza que querías!

—Michelle, o es un sueño y entonces cenaremos mañana, o la vida se está materializando ante mí...

—Puedo decirte que no es una ensoñación porque tengo un sueño terrible; Martin esta noche me ha llamado mil veces, y sé que no se puede tener sueño en un sueño.

—De acuerdo, pues luego te llevo si quieres, ¡tengo aquí la llave! —Hizo oscilar el llavero frente a la nariz de la amiga.

Unos segundos de silencio, el tiempo que necesitan el corazón y la mente, y antes de que bizqueara, Michelle apartó la mirada y exclamó:

—¡Pero, cariño! ¿No te has dado cuenta?

—¿De qué?

—¡El llavero!

Clémentine miró fijamente el llavero en forma de naranja y rebuscó en los cajones bien ordenados de su memoria, pero no vio lo que la amiga veía.

—¡Se me ha puesto la piel de gallina!

Clémentine sabía que estaba a punto de ocurrir algo; sucedía usualmente entre las dos, pero no conseguía saber qué era, no sintonizaba con Michelle. En la afanosa búsqueda de una imagen o de una sensación, estaba absorta y un poco en alerta.

Pero las amigas sirven también para anticipársenos.

—Clem, ¡el portal...!

Fue necesario un instante que duró un siglo, durante el cual Clémentine experimentó una serie de sensaciones, piel de gallina incluida, y también empezó a ver. Pero no del todo y mal. Seguía necesitando a Michelle.

—Clem, escucha, te echaré una mano... Teníamos diez años, estábamos en el patio del colegio, era nuestro último día de clase. Tú tenías este llavero, o mejor dicho, un llavero como este que habías encontrado en el huevo de Pascua y que llevabas colgado de la cartera, y decíamos que era una naranja de verdad. Habíamos decidido plantarla para ver qué nacería. Yo aseguraba que no nacería nada porque soy más racional, tú afirmabas que nacerían sueños...

Ahora Clémentine recordaba: se veía de rodillas en tierra, cavando con las manos cerca del portal. Se contuvo para centrar bien la escena y se acordó de un detalle: antes de enterrar la naranja, la marcaron con una piedra puntiaguda haciéndole un signo que quería decir «ellas dos». Inmediatamente, se puso a dar vueltas al llavero, pero no vio nada, porque el plástico naranja estaba muy gastado y arañado por todas partes.

Ninguna de las dos sabía cómo continuar.

De aquella naranja iban a nacer sueños, y era lo que Clémentine sintió desde el momento en que tuvo el llavero en sus manos.

5

Clémentine sabía que la felicidad no es hacer todo aquello que se quiere, sino querer todo aquello que se hace, y habían sido sus padres quienes se lo habían confirmado. Su existencia era la promesa de que puede haber un futuro sereno para toda la humanidad.

Después de leer muchos libros con su padre, una licenciatura en psicología clínica y una especialización en trastornos infantiles, se le había ocurrido una idea que defendía en silencio, sabiendo que solo si la llevaba a cabo, demostraría la fuerza y la eficacia que poseía.

Gracias al apartamento de la Rue Le Monde, podía seguir por la mañana con las prácticas con su profesor y desarrollar la idea por la tarde. Seguía llamándola idea a propósito en vez de proyecto: de pequeña pensaba que los proyectos los hacían los aparejadores y los arquitectos, mientras que las ideas las tenía todo el mundo. De mayor, se había dado cuenta de que muchas veces los proyectos acaban enjaulando las ideas.

Las consideraba maravillosos dibujos de la mente y no quería reducirlas a datos, gráficos o números.

En este caso podía hacerlo porque le habían regalado

el apartamento, lo cual eliminaba el problema del lugar y del dinero para alquilarlo.

Al día siguiente, al volver a casa, se encontró a un niño en los escalones del portal.

—¡Hola!

—¿Quién eres? No te había visto nunca.

—Me llamo Clémentine. ¿Y tú?

—Rémy, del tercer piso.¿Y tú en qué piso vives?

—En el último...

—¿Eres nueva?

—Soy nueva. ¿Y tú eres viejo...?

Rémy se echó a reír con toda la fuerza de su metro veinte y sus ocho años. Su cabello, de un rubio rojizo, se asemejaba a un casco, y unas espléndidas pecas le salpicaban la nariz.

—Yo nací aquí porque era la casa de mi papá cuando era pequeño...

—¿Y te gusta tu casa?

—¡Claro! ¿Quieres verla?

—Encantada, pero quizá otro día.

—¡Venga, vente hoy, hay bizcocho!

—¿Con agujero en el centro?

—¡No! Pero con chocolate de dos colores que parece mármol...

—Mármol...

—¡Te has quedado embobada!

Clémentine se embobaba cuando oía cosas que se apartaban de las convencionales; ella era así.

—¿Sabes que en un día se usa tanta harina de trigo en el mundo como para hacer un pan gigante de un tamaño tres veces mayor que el Empire State Building?

—No, no lo sabía.

—Pues mi mamá hoy ha contribuido a hacer ese pan gigante con la harina que ha usado para el bizcocho, y a mí me gusta imaginármelo. Estaba pensando en eso cuando has llegado, así que creo que tienes que venir a comer bizcocho a mi casa.

—¿Y tu madre estará de acuerdo?

—¡Claro! Mira lo guapa que eres, y además, vas bien peinada; le gustarás también a la abuela porque ella mira siempre si uno va bien peinado.

—¿O sea que también está la abuela?

—Sí, y mi hermana que se llama Delphine y que, como es adolescente, a veces no saluda, pero en realidad es amable. ¡Venga, vamos!

¡DING, DONG!

—Mamá, soy yo, ¿me abres? ¡Vengo con una invitada!

—Hola, cielo. ¡Oh, buenos días!...

—Buenos días, señora. Rémy ha insistido en que viniera, pero no querría molestar en absoluto. Soy la nueva inquilina del último piso; la verdad es que todavía no he hecho la mudanza, aunque creo que la haré pronto... Perdone, no me he presentado: soy Clémentine Poli.

—Mamá, ¿verdad que está bien hecho y que podía invitarla a casa?

—¡Pues claro! Rémy tiene buen ojo y sus amigos son nuestros amigos.

—Mamá, todavía no puede decirse que seamos amigos, nos estamos conociendo...

—¡Vamos, entrad que he hecho bizcocho!

Entraron en el piso, y Clémentine se sintió inmediatamente impresionada por el gran piano negro del salón. Media cola, pero lo bastante grande como para bailar dentro de él todas las sinfonías del mundo.

Se detuvo, sin seguir a los demás, que la vieron vacilar y se detuvieron a su vez.

—¿Toca usted? —le preguntó la madre de Rémy.

—No, pero me hubiera gustado mucho y cuando veo un piano, creo que para mí será siempre un misterio... ¿Usted toca?

—¡Sí, mamá es pianista y trabaja en la Ópera!

—Qué maravilla, señora...

—... Dubois, pero llámeme Valentine. ¡Vamos, pase, siéntese!

Valentine Dubois era una persona a la que la gente solía definir como «brillante», para lo que no hacía falta más que media hora de conversación con ella.

Una melenita negra le ceñía la cabeza, y le gustaba apartarse el cabello de la cara y colocárselo detrás de las orejas. Tenía la gracia de una cometa y la armonía de un cuadro de Rafael. Su mejor cualidad era la empática capacidad de escuchar con suma atención.

Su marido se enamoró de ella al verla escuchar a la señora que limpiaba el teatro después de un concierto: una escena de poesía pura, de esas poco destacadas en las películas de autor.

Era casi medianoche, y aunque estaba cansada, se había sentado en una fila del patio de butacas para escuchar lo que aquella señora de mediana edad le tenía que decir imperiosamente mientras limpiaba con energía bajo los asientos.

El señor Dubois decidió conocerla y, con la verosímil excusa de las felicitaciones, la invitó a la primera de una serie de citas que concluyeron en matrimonio en menos de un año.

Atravesaron el salón y llegaron a la cocina donde una señora mayor estaba cosiendo.

Clémentine se alegró de ir a la cocina porque, normalmente, es la habitación más íntima de la familia, la más informal, desordenada, la que respira.

Era una cocina espaciosa, y en el centro había una mesa para seis, cómoda y acogedora. Se sentaron; Rémy balanceaba las piernas y ella tomó asiento en un extremo de la silla para tocar el suelo con los pies.

—¡Mami, esta es Clémentine, una casi amiga mía! —gritó Rémy.

La señora, que no les había oído llegar, levantó la mirada y luego, las gafas.

—Buenos días, señora. Soy Clémentine, encantada.

—Buenos días, señorita. Soy Céleste, la abuela de Rémy, mucho gusto.

—¿Qué es eso tan bonito que está haciendo?

—Tonterías para pasar el tiempo.

No eran tonterías, desde luego: lo que Clémentine vio colgando del ganchillo era una labor preciosa y antigua que ella no habría sabido hacer en la vida, un poco como tocar el piano, por lo que estaba fascinada. Aquello que las personas elaboraban con las manos le conmovía como un buen libro. Ni más, ni menos.

Le conmovía tanto el peluquero que hacía un bonito corte, como un cuadro del Louvre, o un parterre a los lados del Sena del mismo modo que una escultura de Rodin, y en medio de tal conmoción había madurado la idea de que, cuando una cosa está hecha con buena intención, produce una energía positiva que domina a todo aquel que contacta con ella. La labor de ganchillo de la abuela no recogía solo un saber hacer paciente y minucioso, sino todos los pensamientos que tenía la anciana mientras la realizaba, y esto perduraría siempre. Céleste era una abuela de esas que ya no quedarán dentro de algunas generaciones, porque la modernidad cambia las costumbres, los pasatiempos y la forma de vestir. Y sobre todo porque hay que huir de la vejez, porque supone un final. Aunque la abuela de Rémy pensaba que más bien era un inicio. Era la edad en la que uno se podía ocupar de las cosas más importantes, porque se habían acabado las preocupaciones, y así ella se dedicaba todos los días a nutrir su alma de las cosas buenas y bellas que ocurrían en la cocina, fuera de casa o incluso en los libros. Quizá justamente de los libros, el abuelo de Céleste, cien años antes, había seleccionado una frase que había copiado con una escritura fina y cuidada y la había colgado en el espejo frente al que él y su mujer se arreglaban todas las mañanas: «Envejecer no significa perder la belleza, sino transferirla del rostro al corazón». Dicho y hecho. Aquellas palabras, contempladas día tras día durante años, se sedimentaron hasta convertirse en convicciones de la histórica y sólida familia de la abuela. Emily Dickinson afirmaba que no hay nada más poderoso en el mundo que las palabras. La poetisa las contemplaba hasta que empezaban a surtir efecto. Esto es lo que hacen las palabras, esto es lo que hicieron las palabras en el baño de los abuelos de Céleste, en el de sus padres y ahora en su propio espejo, en el tercer piso del número 14 de la Rue Le Monde.

Estaban todos sentados alrededor de la mesa, y Clémentine no habría querido estar en ningún otro lugar.

Llamaron a la puerta.

—Ya voy yo —canturreó la madre.

—¿Has visto qué relajada está?

La chica no tenía elementos para juzgar a una señora a la que había conocido hacía cinco minutos, pero asintió.

—Es porque los miércoles no trabaja y entonces está con nosotros y hace bizcocho.

—¡Buenos días! Venga, le voy a presentar a una persona —se la oyó decir desde la entrada.

Clémentine sabía que era ella la persona a la que se debía presentar.

—¡Buenos días, Hector!

—Señorita, que alegría volver a verla.

—¿Se conocen? —dijeron a la vez Rémy y Valentine.

—Nos conocimos ayer cuando la señorita vino por primera vez a ver su apartamento.

Fueron necesarios, a la fuerza, algunos comentarios sobre el piso y la herencia, pero no se mencionó la «idea».

—¿Vendrás entonces a vivir aquí arriba?

—Pues sí, eso pienso.

—¡Qué bien! Así todos los miércoles podrás comer bizcocho con nosotros.

—¡Encantada!

—Es un pequeño ritual que practicamos desde hace años; nos acompaña también Hector, preparamos té y charlamos —explicó la madre, aunque no era necesario.

Clémentine imaginó lo que habían vivido ya sin ella en aquella cocina y lo que ella, de ahora en adelante, viviría siempre.

—Hector, ¿tienes uno nuevo para mí?

—Pues claro que lo tengo, nunca vengo sin uno. ¡Que me parta un rayo si algún día lo hiciera! Vamos a ver: ¿cuál es el libro que tiene más personajes, pero menos trama que ninguno?

Rémy se puso a pensar. Tampoco Clémentine pudo evitar hacer lo propio.

Pero no pensaban en lo mismo.

La joven había recordado otro té: el del Sombrerero Loco, en el que planteaba una adivinanza a Alicia: «¿En qué se parece un cuervo a un escritorio?».

Alicia se rindió, y Clémentine esperaba que Rémy no hiciera lo mismo, porque Alicia no le entusiasmaba, pero estaba empezando a coger mucho cariño al niño.

A ella no le apasionaba mucho el libro *Alicia en el país de las maravillas* y no sabía si dependía de lo que le contó su padre acerca del libro, o del escritor, o acerca de la propia historia. Sin duda era un libro demasiado onírico, y consideraba forzado ese mundo de maravillas inventado por Lewis Carroll. Más que maravillas le parecían pesadillas grotescas, en las que no intervenía la poesía. Pero esta era una opinión personal que no tenía repercusiones sobre las ventas del libro, ni sobre la fama del autor.

—¿Estás bien, Clémentine? —preguntó la madre.

—Sí, muy bien; estoy emocionada por vuestra acogida y me siento muy afortunada al teneros como vecinos.

Rémy habría dicho algo en ese momento, si no hubiera estado concentrado en pensar.

La abuela contaba los puntos, la madre ponía la tetera en el fuego, Hector observaba a Rémy, y a Clémentine le parecía que estaba viviendo en un libro.

Vistos desde fuera, lo estaban.

El niño arrugaba la nariz y no se rendía, sino que intentaba algunas respuestas dictadas por el sentimiento y no por la razón.

Clémentine recordó que cuando Alicia se rindió, el Sombrerero Loco admitió que él mismo no conocía la respuesta. He aquí por qué Lewis Carroll no le convencía. No se puede crear un personaje que provoca que una niña que espera una respuesta sufra. Los críticos que idolatraban al autor pensaban que todo ello formaba parte del juego y de su personaje, pero ella consideraba extremadamente incorrecta esa actitud.

Entonces comprendió por qué se le había ocurrido todo esto: Hector, aunque apenas lo conocía, nunca habría jugado sucio con Rémy; por tanto, aquel no era un té de locos, sino de gente de bien, como decía la abuela.

6

Clémentine no sabía cómo acabaría aquella tarde en la que tendría que haber hecho otras cosas.

Los imprevistos agradables son la parte bonita de la vida, y ella los atraía desde pequeña. Ignoraba que tenía ese poder, pero, con cierta asiduidad, provocaba inconscientemente ese tipo de situaciones. En este caso el té era una cita que existía desde hacía mucho tiempo, pero, con su presencia, a partir de entonces sería diferente.

Rémy seguía intentando adivinar y lo ayudó la observación de detalles: captó la mirada de Hector al teléfono fijado en la pared.

Se le iluminó la bombilla de los grandes hombres, y exclamó:

—¡La guía telefónica!

—Muchos personajes sin una trama… ¡Muy bien, Rémy! ¡Tendré que ingeniármelas cada vez más! —se rio el portero.

—Muchos personajes… ¡en busca de autor! ¿Por qué no les creamos nosotros una historia? —propuso Clémentine casi sin pensar.

—¡Qué buen juego! Coge la guía, Rémy —dijo la madre.

El pequeño bajó de la silla y obedeció feliz. La abuela sonrió sin levantar la mirada, pero estuvo de acuerdo con la propuesta.

Se sirvió el té, un té verde que sabía a colonias y un bizcocho marmolado que sabía a otros tiempos.

—¡Venga, comencemos! Abre por cualquier página, Rémy, y lee el primer nombre de la derecha —propuso Clémentine.

—¡Yo abro y tú lees! —rebatió rápido.

—De acuerdo, vamos a ver… aquí está el primer personaje: el señor Sébastien Delacroix…

—¿Hay alguna información?

—No, pone solo señor…

—Está claro que el señor Delacroix está jubilado desde hace años y cuida de sus plantas al amanecer, luego va a comprar el periódico y un *croissant*. Esto lo repite todos los días desde que su mujer murió hace veinte años —dijo la abuela sin alzar la cabeza y con una seguridad que dejó a todos boquiabiertos.

Fueron necesarios unos instantes para que alguno de los presentes consiguiera proseguir; la primera fue la madre:

—¡Veamos dónde vive! A ver, Place d'Italie, ya sé, cerca de la piscina.

—Después de desayunar, el señor Delacroix vuelve a casa, hace la cama y coge su bolsa de deporte. De hecho, es un gran nadador que ganó para Francia una medalla de oro en las olimpiadas, no recuerdo cuáles, pero estoy seguro de que era un oro y que su mujer lo veía en la televisión —añadió Rémy con la boca llena de migas.

—Su mujer no había ido con él a las olimpiadas porque estaba embarazada de su niña —prosiguió Hector.

—Y cuando la niña nace, él cuelga la medalla de oro

en la cuna y así ella se emboba y se queda dormida, ¿verdad, mamá? ¿Como yo con las abejitas?

—Porque cuando él regresó, su mujer fue al aeropuerto y resultó tan emocionante volver a verse que ella rompió aguas, y en un taxi volaron al hospital —concluyó el portero.

Clémentine todavía no había conseguido introducirse y estaba atónita por lo que se había desencadenado frente a una taza de té caliente.

—El parto fue rápido y tuvieron a su preciosa niña, y en la cuna, como ha dicho Rémy, Sébastien colgó enseguida la medalla. Pero ¿cómo fue que se quedó viudo el pobre Sébastien? —preguntó Hector.

—La vida quita, la vida da... —afirmó la abuela—. La mujer murió con apenas treinta y cinco años de una fea enfermedad y dejó a la niña y a Sébastien solos en una pequeña casa junto a la piscina.

—Los dos se las arreglaron bien porque Sébastien era un hombre bueno y cabal; la pequeña tenía diez años cuando murió la madre y se llamaba... Rémy interrumpió a su madre, que había pronunciado las últimas palabras:

—¡Mamá, busquemos en la guía a ver cómo se llama!

—Perfecto —dijeron los demás.

Había muchísimas Delacroix en la guía. La madre leyó un montón de nombres de mujer, y decidieron que la hija debía de ser sin duda Lisette Delacroix. Flores a domicilio en cualquier punto de París. La tienda se encontraba cerca de la casa paterna, y Lisette iba todos los días a dar un beso al adorado padre que la había criado con amor y sentido común. Ella nadaba por lo menos una hora al día, y su buen estado físico de joven treintañera le permitía recorrer París en una bici amarilla y entregar muchos ramos de colores a todos aquellos, de corazón sensible, que todavía regalan flores. Los jueves por la noche, padre e hija cenaban juntos como antaño en el pequeño comedor del padre: comían crepe de queso y magdalenas de chocolate y nueces.

Esto sucedió en la realidad y en la ficción durante el primer té de Clémentine en el número 14 de la Rue Le Monde (la adolescente que no saluda se había quedado en la habitación).

7

Al salir del cine en las tardes lluviosas de invierno, las farolas están ya encendidas y entonces se es doblemente feliz: acabamos de ver una película que nos ha llenado la mente de bonitos pensamientos, y afuera nos encontramos también con una atmósfera de película.

A Clémentine se le ocurrían estas cosas cuando pensaba en el apartamento que poseía. Esta vez era el cine, y el edificio con sus inquilinos, la lluvia y las farolas encendidas.

Fue fácil encontrar un pintor a través de Hector, y la casa quedó como nueva en un par de días.

Clémentine informó de su traslado a la propietaria del piso en el que había vivido hasta ese momento, que, aunque disgustada por perder una magnífica inquilina, se alegró por ella y por lo bueno que sin duda le esperaba.

Conocía sus proyectos por una confidencia de una noche de verano, cuando la joven le había llevado el importe del alquiler a su casa de campo. Madame Adélaïde era maestra de enseñanza básica jubilada y, sin duda, un buen cofre para su secreto. Después de haber compartido su idea, Clémentine se había sentido aliviada, y

Adélaïde, halagada por haber participado en el nacimiento de algo que, aunque no revolucionara los métodos de curación, contribuiría sin duda a mejorar el mundo; pese a que únicamente tuviera lugar en un rincón de París, el mundo brillaría más en él. También informó del traslado a sus padres que se alegraron mucho por su hija. No se ofrecieron a ayudarla en la mudanza porque no era ese el tipo de ayuda que necesitaba; lo sabían ellos y lo sabía ella: por eso los quería.

Mientras repasaba con la mirada las últimas cosas para embalar en las cajas, Clémentine se detuvo para contemplar unas fotografías. Las adoraba, no solo por los recuerdos, sino por cómo la realidad acababa plasmada en el papel y adquiría su olor. Eran las fotos de sus años adolescentes, aquellos en que lo puedes todo y el mundo está en tus manos. Observó los peinados, tan ridículos que enternecían, se fijó en las miradas que se intercambiaban para saber quién amaba a quién, y se veía clarísimo. En ese tiempo estaba con Pierre: fue dulce estar con él y era bonito recordarlo.

¡Pero tenía que darse prisa! La furgoneta de Florien llegaría enseguida y debía estar lista.

Florien era su Amigo, con A mayúscula, ese que no ha sido nunca un novio.

Era gay, y su relación no podía ser mejor, nacida en el colegio y nutrida con grandes pasiones compartidas. Cuando ella tuvo dudas sobre si se convertiría en algo más o en algo menos importante, él le confesó la forma de su amor. Estaban ellos dos solos, bajo una marquesina del parque, por la noche. A ella le latía el corazón apresurado, a él le temblaban las piernas. La abrazó con fuerza y le dijo:

—Tengo que decirte una cosa... Soy gay... —Y se echó a llorar.

Clémentine lo abrazó a su vez y le besó aquellas lágrimas hasta que cesaron. Se alegraba de que no estuviera enamorado de ella, porque su relación se habría empobrecido; sin embargo, siendo así, seguro que se enriquecería. De ese modo había crecido la amistad más bella que pueda haber entre un hombre y una mujer. Él afirmaba que dos heterosexuales, hombre y mujer, de su edad, no habrían podido llegar hasta el punto al que habían llegado ellos.

Florien tocó el claxon. Ella se asomó y le tiró un beso, y él subió para ayudarla.

—¿Tú sabes que me he puesto al volante de una furgoneta sucia porque te quiero enormemente? —le dijo mientras la abrazaba y le daba un mordisquito en una oreja.

—Lo sé y te prometo que no te verá nadie; coge esto. —Le puso una gorra de béisbol.

—¡Estás loca! Me queda fatal…

—¡Estás guapísimo! ¡Venga, vamos!

Hicieron falta dos horas para meter la vida de Clémentine Poli en una furgoneta de un color azul violáceo, que combinaba muy bien con la camiseta color lavanda que llevaba Florien.

8

Llegaron enseguida al número 14 de la Rue Le Monde.

Hector, apenas oyó el ruido de una cilindrada mayor que la de un coche deteniéndose frente al portal, salió a la carrera y, sin dejarse ver, escribió un mensaje en código morse con el telefonillo.

El mensaje llegó a Rémy, que bajó como un rayo con un cartel:

TODOS LOS DEL EDIFIZIO HESTAMOS
MUY CONTENTOS QUE TU ESTÉS AQUÍ

A Clémentine se le saltaron las lágrimas, esas de final feliz, con la diferencia de que esto no era más que el principio.

Todos ayudaron a descargar la furgoneta y el ascensor trabajó sin parar.

Hector cargaba abajo, y Rémy estaba presente en el aterrizaje y pensaba que el ascensor que llegaba al último piso hacía una cosa que un avión no podía hacer: el aeroplano no aterrizaba en lo alto, sino en el suelo; en cambio, el ascensor podía decidir de dónde partir y dónde aterrizar.

En definitiva, era como si Clémentine viviera en una nube que poco a poco se iba llenando de cajas.

Las marcadas con la palabra «libros» iban directamente al estudio, y eran la mayoría, unas cincuenta aproximadamente.

Las restantes se distribuyeron por las otras habitaciones y muy pronto ya no hubo más: una furgoneta vacía y un apartamento lleno.

Se sentaron en silencio, cada uno sobre una caja, para recuperar el aliento.

Florien y Hector ya habían entablado amistad, porque el amigo de Clémentine olía a violetas y Hector las había sembrado esa misma mañana.

Se oyeron pasos procedentes de la escalera. Delphine entró demasiado deprisa y se percató de ello, pero no consiguió frenarse.

—Rémy, te busca la abuela.

—¡Estoy aquí! Hermana, te presento a Clémentine... Clémentine, Hermana...

—¡Hola!

—Hola... En realidad me llamo Delphine, pero él siempre hace el tonto.

—Hermana, él es Florien, amigo de Clémentine... Florien, Hermana...

—¡Para ya!

La situación podía degenerar, porque los hermanos son como bombas de relojería, y Clémentine lo sabía bien.

—Delphine, ven, siéntate...

—¿Dónde?

—Aquí... o sea allí... o sea... Es verdad, todavía no es lo que podría decirse una casa para invitar a alguien, pero bueno, en las cajas no se está mal.

—¿Qué estabais haciendo? —preguntó la chica, sorprendida por el ambiente delicado y surrealista.

—¡Nada! —exclamó Rémy—. No hacíamos nada, y a mí me gustan las personas que quieren hacer nada conmigo, pero no me gustan aquellas que siempre quieren hacer algo, ¡y Clémentine me gusta!

—Tú también me gustas a mí, Rémy, y has sido muy importante para esta mudanza. Y gracias de corazón también a vosotros.

Parecía un discurso de despedida, aunque no era su intención, pero tanto lo parecía, que cada cual se levantó de la caja correspondiente, que ya había cogido forma, y poco a poco se despidieron.

En pocos minutos Clémentine se quedó sola, junto a un montón de cajas de color pajizo.

Vio que Rémy había colgado su cartel de bienvenida en la puerta de entrada por dentro; estaba torcido porque no había llegado bien. Sonrió pensando en él y en las buenas vibraciones que del niño le llegaban.

Habría podido estar allí horas, pensando y mirando, pero sabía que en la vida a veces se piensa y a veces se actúa, de manera que se dedicó a abrir los paquetes que había cerrado pocos días antes; no lo hizo movida por la sorpresa de reencontrar los libros olvidados, sino por el deseo de darles una nueva vida. La vida de aquellas páginas empezaría dentro de pocos días, el tiempo de colocarlo todo, hacer una pequeña compra y poner unas flores en el alféizar.

La busqué durante días por las calles cercanas y lejanas después de aquel encuentro fugaz; me pareció verla en el metro con un ramo de tulipanes en la bolsa, pero desapareció antes de que pudiera comprobar si era ella.

9

La luz de París se filtraba suave por las contraventanas entornadas. Clémentine inspiró lo más profundo que pudo y se dio la vuelta. Dormir le gustaba y quedarse en la cama aún más. Se había acostado tarde la noche anterior: una cena con los amigos de siempre para inaugurar la casa y demasiada conversación hasta la madrugada con Jean; no se podía volver a pensar en los años transcurridos juntos sin notar en la boca ese sabor agridulce, y tampoco tenía sentido seguir pensando en ello. Había sido todo muy bello, pero no sabía si quedaba todavía algo que se pareciera al amor que habían conocido.

Cuando se levantó, miró las paredes vacías: la pintura traicionaba las grietas de los viejos y gruesos muros.

Fue a la cocina y abrió la cristalera de la terraza. Entraron la luz, el perfume de las flores de Hector y el aroma del pan de la tahona. La estación era suave y no sintió frío, sino la sensación de estar en el lugar adecuado en el momento adecuado y, juzgando que el lugar adecuado era su casa, se podía considerar más que afortunada.

Comió alguna breva del mercado.

—Son buenísimas, señorita, ya me dirá…

—No lo dude, volveré para contárselo...

El mercado tenía ventajas respecto al supermercado, en el que te hallabas aislado de los demás. En el mercado, los clientes escuchaban a quien había convertido su oficio en una cuestión social y entablaba con cada uno de ellos una conversación que a veces trascendía la propia compra.

—¿Algo más? Tengo las primeras peras amarillas, melones de invierno y ciruelas...

—Pues deme un kilo de ciruelas y otro de peras amarillas.

—¿Sabe usted cómo pueden comerse las ciruelas de una forma, digamos, diferente?

—La verdad es que no.

—Entonces le explico, guapa señorita: se puede hacer también una crema de ciruelas cogiendo...

Y así Clémentine había vuelto a casa con la receta de la crema de ciruelas que la noche anterior había preparado para sus amigos.

Hoy empezaba.

Estuvo lista en poco tiempo: vaqueros, camiseta, alpargatas.

Fue al estudio, que había quedado precioso.

La habitación era muy grande y las estanterías estaban repletas con las cincuenta cajas, además de las que había recuperado del garaje de Michelle y que la aguardaban desde hacía años porque el apartamento anterior no hubiera aguantado el peso de tanto papel.

Florien le había dividido los libros por materias y por autores. Lo había dejado hacer, porque sin duda le iba a resultar muy cómodo y porque Florien, por otro lado, trabajaba con orden o no trabajaba.

A la derecha de la puerta había puesto las novelas para adultos, las autobiografías y los ensayos; a la izquierda, los cuentos ilustrados para niños; junto a la ventana, las novelas para jóvenes y los libros de arte. En una estantería, las películas y los discos.

La librería no estaba todavía llena del todo, pero desde luego no parecían ser los libros de una persona que viviera allí desde hacía unos días. Quedaba un estante vacío, en el que había un libro y algunos objetos encontrados en otras baldas, pertenecientes a la persona que había vivido allí antes que ella. Se acercó, se subió a la escalera para ver mejor y se fijó en el libro que dormía sobre el dorso. Jugó a adivinar quién podría ser el editor, pero no lo consiguió. Lo levantó, manteniéndolo girado para no ver la cubierta.

Mirándolo bien, se trataba de un libro que ya había visto, pero no logró encontrar las coordenadas y no quería leer el título, prefería tirar de memoria. Como no lo conseguía, decidió…

¡TOC, TOC!

¡TOC, TOC!

¡TOC, TOC!

¡TOC, TOC!

—¿Estás ahí, Clémentine?

Bajó rápidamente de la escalera y fue corriendo a la puerta.

—Sí, Rémy, afortunadamente estoy despierta. Hoy es sábado.

—Ya sé que es sábado, pero me dijiste que tenías que empezar esa cosa.

—¡Qué memoria! ¡Muy bien! Sí, hoy empiezo.

—¿A hacer el qué, me lo dices?

En un instante inmenso, Clémentine se dio cuenta de todo.

Su «idea» iba tomando forma, y alguien le había dado confianza para comenzar, justo ese día, al cabo de veinte minutos.

—Escucha, Rémy, voy a contarte un hecho extraño. Una vez me ocurrió algo muy feo, un dolor demasiado grande para mí que era tan pequeña...

—¿Tan pequeña como yo?

—Un poquito mayor, quizá. Yo no podía compartir ese dolor con mis amigos del colegio, o sea, ellos sabían de qué se trataba, pero no eran capaces de consolarme porque también eran niños y, como no lo habían vivido nunca, no entendían lo que yo sentía. No eran culpables si se olvidaban de que yo sufría y de que no me apetecía jugar al escondite ni reír.

—¿Y qué pasó?

—Pues ocurrió que, al leer un libro, me consolé mucho, porque la historia que se contaba en él era un poco mi historia, y me parecía mágico que el escritor supiera cómo me sentía yo.

—¿Y entonces?

—Entonces, desde aquel momento, comprendí lo importante que es leer.

—A mí no me gusta leer. ¡Para nada!

—¿Ah, sí? ¿Y cómo es eso?

—¡No me gusta leer y punto!

Se dio cuenta de que nunca había visto a Rémy tan enfurruñado.

—¿Y qué tiene que ver toda esa historia de tu dolor con lo que tienes que comenzar hoy?

—Tiene que ver, porque he decidido intentar ayudar a las personas que tienen problemas, con libros...

—No lo entiendo.

—Intento encontrar un remedio de papel, en vez...

—¿En vez de usar una medicina?

—¡Algo así! ¡Muy listo!

—¡Soy un as! ¿Y quién viene hoy?

—Olivier, un niño como tú.

Rémy sintió un estremecimiento de celos, desde la punta de los zapatos hasta el último cabello pelirrojo. Ella se dio cuenta y se lo sentó en las rodillas.

—Se me ocurre una cosa: ¿te apetece que vayamos por ahí a no hacer nada cuando acabe con Olivier?

A Rémy se le dibujó el sol en la cara, y eso lo indujo a sonreír ampliamente y a alzar los brazos.

¡DING, DONG!

—Ahora corre, pequeño, ¡nos vemos luego! Paso por tu casa, ¿vale?

Fueron juntos hasta la entrada, y ella contestó al telefonillo.

Mientras esperaba en la puerta, no pudo apartar el recuerdo que le había asaltado de repente: la discusión que había provocado la ruptura con su primer gran amor, la definitiva, esa que no se debería mantener nunca porque se ultrapasan los límites, se dicen cosas solo para herir y no para enriquecer la relación. Se lanzan las últimas piedras como flechas sobre algo que ha sido bello hasta muy poco rato antes:

—¡A ti no te importan nada algunas cosas! En vez de salir con mis amigos del *rugby* y sus novias, prefieres quedarte en casa leyendo.

—¡Sí, Pierre! No me apetece nada una velada con ellos, aunque sí me gustaría salir sola contigo o con otra gente más simpática y menos pedante que ellos. No tengo nada que compartir con esas personas, y espero que tú tampoco, fuera del vestuario.

—¡Solo porque son más sencillos, menos empollones que tú!

—No, Pierre, te equivocas, y me duele que pienses

así; yo no tengo ningún inconveniente en verlos alguna vez, pero no me apetece pasar tres noches a la semana con ellos después de vuestro entrenamiento, y me desagrada que tú sí lo prefieras en lugar de estar solo conmigo...

—¡Eres más pedante que ellos!

—¡No es verdad! Yo he decidido con quién me gusta compartir mi tiempo y no me avergüenzo por decirlo, y deberías apreciar el no haber tenido a tu lado a una muñequita que dice siempre que sí.

—¿Por qué has dicho haber tenido?

—Porque me parece evidente que esto se acaba, Pierre...

—¿Por una tontería así?

—No es una tontería...

—Claro que es una tontería. Ahora verás cómo lo arreglo todo, les digo a mis amigos que necesitamos más tiempo para nosotros...

—No, Pierre, no lo necesitamos. Yo lo sentía como un deseo, pero no es así por parte de ambos, así es que, de verdad, dejémoslo correr antes de que nos destruyamos el uno al otro, porque mis ideas son tan válidas como las tuyas, mi forma de pasar el tiempo tanto como la tuya...

Pierre, que había comprendido, se encendió al instante, se puso rojo y elevó el tono de voz:

—¡A ti únicamente te importan los libros!

—No es verdad, pero respeto lo que piensas, y en cualquier caso, los libros son uno de los remedios que te salvan la vida.

Estaba segura de que con aquella frase final lo habría picado.

—Ah, sí, ¿eh? ¿Y cuáles son los otros si puede saberse?

—Las relaciones con las personas, las conexiones, los vínculos...

—¿Y no son esos remedios más importantes que tus malditos libros? ¿Y yo no soy más importante que ellos? ¿Eh?

—¡Pues claro que lo eres! Pero las veladas en un *pub* bebiendo y comentando los partidos o las marcas de coches, no.

—¡Lo ves cómo eres una empollona! Eres asocial, no consigues conectar con las personas.

Mientras decía esto, sabía que era lo más injusto del mundo: Clémentine tenía muchos amigos, con los que mantenía relaciones profundas desde hacía mucho tiempo y que cultivaba con cariño y pasión, y él siempre había estado celoso de ello, porque, por el contrario, Pierre tenía relaciones superficiales, de *pub* justamente.

A pesar de todo, continuó, porque era la fase final y había que decirse maldades.

—Entonces estás diciendo que mis amigos son menos importantes que tus libros, que unas personas son menos importantes que una serie de papeles encuadernados. ¡Creo que estoy soñando! ¡Ya no te reconozco! ¡Venga, establece relaciones con esos bonitos ejemplares y luego me llamas cuando hagáis una fiesta!

—¿Por qué no intentas ver los libros como personas de papel?

—¿Cómo? ¡Estás diciendo cosas absurdas! ¿Ahora hablamos de los personajes de las historias?

—No... no... Encariñarse con los personajes es fácil, me refiero precisamente a los autores... ¿Uno que escribe no es como si estuviera hablando contigo? ¿No requiere una relación? Yo, cuando leo, siento el acto de la escritura, su intencionalidad como forma de comunicarse conmigo. Sin pensar en el contenido, percibo una unión con esas personas y decido relacionarme con ellas al leer el libro.

»Y eso vale igualmente para el director de una película: está hablando conmigo, la ha hecho también para mí, me requiere tiempo e implicación para seguirlo en aquello que me está diciendo... ¿No es eso una relación?

—¡Virtual!

—¡Diría más bien espiritual!

Habían llegado al final, y también él lo comprendía.

—Está bien, pensaré en todo lo que has dicho, intentaré cambiar, por mí y no por ti; luego quizá, si cambio, te buscaré.

Clémentine sintió una ternura enorme hacia ese muchachote de dieciocho años al que había amado durante seis meses. Eran de la misma edad y eso, frecuentemente, impide que las cosas funcionen.

—Adiós, Clem... —La besó rápido en los labios—. Yo... voy a ver si... me voy para... con... a...

—Calla... Somos libres, y esta es la gran ventaja que tenemos ... No tienes que justificarte...

La puerta de la habitación de Clémentine se cerró y después la de la casa.

Gracias a aquella discusión había comenzado a incubar su idea.

El fin de una historia y el inicio de una fábula en la que todo puede ocurrir, junto a personas de papel.

Rémy empezó a bajar la escalera mientras el otro niño subía en el ascensor. Él, entretanto, iba diciendo sin parar:

—¡Total, Clémentine es más amiga mía porque a ti casi ni te conoce!

Cuando el ascensor pasó a su altura, repitió más alto el mantra, pero Olivier y su madre no oyeron más que el ruido de la vieja polea que tiraba de la cuerda.

La muchacha, asomada a la barandilla, sí lo oyó y sonrió feliz; era por esas maravillosas pequeñas palabras por lo que había decidido dedicar su vida a los niños y no a los adultos que, en cambio, las mantienen en secreto.

Volví a verla mientras esperaba el metro, pero el mío había cerrado ya las puertas y no pude bajar.

No había coordenadas lógicas que me pudieran ayudar a establecer una relación entre los diferentes puntos en los que la había visto hasta ese momento.

La vida del subsuelo de París es misteriosa: si bajas en una parada, no quiere decir que te encamines hacia el cielo, quizá tengas que hacer trasbordo y entonces el juego se complica, las variables se multiplican.

Pero tenía esperanzas; me la había encontrado ya varias veces y conseguiría verla de nuevo, antes o después.

10

Olivier tenía el pelo de color mostaza y una tez clara, como recién lavada por un temporal. Su madre y Clémentine se conocieron en la consulta donde esta trabajaba por las mañanas como terapeuta desarrollando el *coaching*, y la señora había decidido probar con su hijo esta nueva terapia.

Los primeros niños de Clémentine fueron casi todos pacientes de la consulta, a los que se les había aconsejado trabajar con ella porque los doctores estaban interesados y eran favorables a esta nueva «idea».

—Si he comprendido bien, ¿podemos llamarla *libroterapia*? —preguntó la madre en su primer encuentro.

—Sí, señora, pero podemos también no ponerle ninguna etiqueta y decir que el niño viene a verme para escuchar historias.

—¿Y luego, cuando volvamos a casa?

—Será Olivier el que se lo diga, señora, no se preocupe; daño no le hará y en el peor de los casos no le servirá de nada, pero habrá escuchado alguna historia más, que eso nunca ha sentado mal a nadie.

Entraron en el apartamento. Clémentine estaba un poco nerviosa, pero nadie se dio cuenta porque la madre lo estaba aún más y el niño casi temblaba.

La mujer no sabía qué hacer, ni dónde situarse, ni en qué pie apoyar el peso del cuerpo.

La joven le ofreció salir a la terraza para tomar una limonada fresca, esa con pajita que se bebe en los dibujos animados.

Olivier se relajó y Clémentine se percató de ello por las burbujas que hacía con la pajita.

La madre no lo conseguía y tenía calor porque llevaba ropa de demasiado abrigo para la estación. Pertenecía a esa categoría de personas que no se rigen por el sol para el cambio de armario, sino por una fecha determinada del calendario. Llevaba un traje de chaqueta de lana y una blusa de seda de color beis. El termómetro en París marcaba veinticinco grados a las diez de la mañana, y lo mejor estaba por llegar a mediodía. Era un septiembre muy caluroso, como iba ocurriendo desde hacía unos años.

Empezó a frotarse el busto y se desabotonó nerviosamente el primer botón de la blusa que se le ajustaba mucho al cuello.

También el pequeño tenía calor, pues las mangas largas casi le cubrían las manitas. Parecía como hundido dentro de la ropa, un pequeño Pinocho delgado y un poco triste. Nadie hablaba, excepto los pajarillos. Por un momento Clémentine esperó que la ayudaran, como hacían siempre con Cenicienta y Blancanieves, y así fue.

Un pequeño gorrión de color marrón se apoyó en la barandilla y los miró.

El tiempo se detuvo, y al final Olivier dijo:

—Me gustan los pájaros, porque en casi todas las especies los dos padres se ocupan de los pequeños, como en una familia de verdad.

La frase quedó ahí, suspendida en el aire. Clémentine comprendió lo que le quería decir, y a la madre se le escapó una lágrima. Se había roto el hielo, y ella tenía que actuar antes de que alguien saliera perjudicado.

—Bien, Olivier, en vista de que te gustan los pájaros, ¿te apetece que leamos juntos alguna historia sobre ellos? Tengo muchísimas; dejemos que mamá se vaya a dar un paseo tranquila y que venga a buscarte más tarde —dijo con una cálida voz que dio pie a que la madre sonriera con inmensa gratitud.

Olivier se bajó de la silla de un salto; estaba más tranquilo, le había contado a esa simpática chica su peso más grande: su padre había muerto y él lo echaba mucho de menos, le faltaba esa pieza esencial de la familia, esa alta y fuerte que le hacía sentirse pequeño y mayor a la vez.

Al quedarse solos los dos, se pasaron casi dos horas leyendo cosas de pájaros grandes y chiquitos y mirando imágenes maravillosas en libros infantiles ilustrados y en otros de arte. Consultaron también una enciclopedia de animales, y Olivier descubrió que en Australia y en Nueva Guinea hay pájaros jardineros, una especie en la que, después del apareamiento, es la hembra la que construye el nido y cría sola a los pequeños.

Cuando vio la fotografía de este simpático pájaro, se percató de que el plumaje se parecía mucho al traje que llevaba su madre. Clémentine también lo estaba pensando y se dio cuenta de que ese animal tenía las patas y el pico del mismo color, así como la señora llevaba un bolso y unos zapatos combinados.

Sonó el timbre, y cuando entró la madre, el niño y la chica le miraron el traje y sonrieron a causa de su último pensamiento.

—¡Hola, mamá!

La señora notó el buen humor y la complicidad que se había creado entre los dos en tan poco tiempo.

Se había relajado y quitado la chaqueta durante el paseo; parecía incluso más guapa.

—¿Cómo te ha ido?

—¡Muy bien, mamá! Volveré a venir, ¿verdad?

—Claro, ¿usted qué opina?

—Yo opino que Olivier me ha enseñado muchas cosas, ¡y que no veo la hora de que vuelva!

—De acuerdo, ¿estaría bien entonces el próximo sábado, también por la mañana?

—Perfecto, aunque retrasándolo quizá hasta las once —se concedió, sabiendo los horarios del viernes por la noche.

—¡Ningún problema! Aquí estaremos puntales, ¿verdad Olivier?

Parecía otra mujer y no se debía al paseo, sino a su hijo. Había visto a un Olivier más feliz, y las madres lo magnifican todo, la alegría y el dolor, por lo que ahora la invadía la emoción que el niño sentía, pero cien veces más intensa.

—¡Entonces, hasta la próxima semana!

—¡Hasta la vista, Olivier! —dijo Clémentine mientras se inclinaba para darle un beso.

El niño se sintió feliz por ello, pero se quedó callado y le dijo adiós con la mano.

Bajaron juntos por la escalera porque se podía hablar mejor, y, mientras iba repiqueteando despreocupado la barandilla, Olivier le preguntó:

—Mamá, ¿te gusta la jardinería?

Clémentine lo oyó y se rio de corazón al mismo tiempo que cerraba suavemente la puerta.

11

Clémentine se sentó en la terraza, para hacer mentalmente un poco de balance. Se había prometido que no haría fichas ni informes de las sesiones: a cada persona que viera, le dedicaría algunas páginas de un cuaderno, en las que anotaría los libros leídos y consultados y las ideas surgidas a propósito de ellos. Nada más. Quería que los encuentros no tuvieran nada de estructurado porque le parecía que la relación se falsearía con ello.

Los libros ya contaban con una rigurosa estructura de la que había que alejarse para llegar a otro plano, y de ese plano, no quería anotar nada: quedaría en su interior y en el de la persona con la que había compartido el encuentro, como alimento de una relación. Los padres, los amigos, los hermanos no hacen informes de las relaciones con los demás, y sin embargo, esos vínculos pueden ser muy positivos y, en ciertos casos, reparadores.

En definitiva, ella quería que se crearan conexiones, que se abrieran horizontes y pensamientos nuevos con la ayuda de personas que no estaban presentes. Se proponía actuar como intermediaria, en cierto sentido. Aunque en realidad era mucho más que una aséptica intermediaria: su sensibilidad, su carácter, su sólida formación, su gran conocimiento de tantos libros y la enorme memoria eran determinantes para el éxito de su idea.

Había salido realmente bien, para ser la primera sesión. Se habían tratado con confianza, y Olivier se había relajado y solo había leído cosas que le gustaban. Le había dado algún librito que lo había fascinado especialmente para que lo siguiera leyendo y hojeando, y le había indicado algún título para que lo buscara en la biblioteca o en una librería.

No se salía de casa de Clémentine con una receta de medicamentos para comprar, sino con una lista de libros que encerraban otros mundos.

Cerró los ojos y se dio cuenta de que le apetecía contárselo todo a sus padres, de modo que los llamó.

Luego cogió del cajón una chaqueta de algodón de rayas azules y un bolso de cuero rojo, y bajó a casa de Rémy que estaría esperándola.

¡DING, DONG!

—¡Ah! ¡Ya has llegado! ¡Creía que no venías!

—Rémy, mírame. —Se agachó para mirarlo directamente a los ojos—. Si te hago una promesa, la mantendré siempre.

—¿Pase lo que pase?

—Pase lo que pase.

—Entonces puedes convertirte en una amiga verdadera.

—Me esforzaré al máximo para conseguirlo.

—¡Mamá, me marcho! ¡Nos vamos!

—Espera, Rémy, quiero hablar con tu madre un momento. ¿Madame Valentine, puedo pasar?

—¡Claro, cielo, entra!

En ese momento la música cesó de repente, y a la joven le extrañó percatarse de que la melodía se había interrumpido y de no haber notado que sonaba.

—No quería molestarla.

—Nada de molestias, estoy ensayando hasta el último momento porque esta noche estrenamos *El holandés errante*. Rémy me ha dicho que ibais a ir por ahí a no hacer nada juntos… —dijo riendo.

—En efecto, es muy urgente ese nada; hemos de darnos prisa, creo que nos llevará un par de horas. ¿Es un problema si le traigo a su hijo hacia las tres?

—Ningún problema, todo lo contrario, gracias, pero ¿y la comida? ¿Queréis que os prepare un bocadillo?

Él la miró, ella lo miró y asintieron.

La madre fue rápidamente a la cocina, canturreando el aria que acababa de tocar, ellos la siguieron y encontraron a la abuela en la posición de siempre.

—¡Buenos días, señora!

—¡Hola, guapa! ¿Qué buen viento te trae?

—Viento de final de verano. ¿Ha visto qué bien se está?

La abuela tenía sobre los hombros un chal de lana con los colores de un arcoíris triste. «Los ancianos no tienen frío, pero necesitan protección», pensó Clémentine mirándola con ternura.

—¿Dónde vais?

—¡A hacer nada, abuela!

—Pues divertíos entonces.

—¡Hasta luego!

—¡Eh, tú! ¡TIMONEL! ¡VEN AQUÍ!

»¡TIMONEL! ¡AQUÍ CON NOSOTROS!

»¡HO! ¡HE! ¡JE! ¡HA! —cantó la madre de manera sublime—. ¡Quiero un beso! Cuando vuelvas, yo ya estaré en el trabajo, papá ya habrá regresado y nos veremos todos en el teatro.

—¡De acuerdo, mamá! Me pondré pajarita y te guiñaré un ojo desde el patio de butacas, ¿quieres?

—¡Pues claro, timonel!

»¡TIMONEL! ¡VEN AQUÍ!

»¡TIMONEL! ¡AQUÍ CON NOSOTROS!

»¡HO! ¡HE! ¡JE! ¡HA!

Clémentine disfrutó con la escena doméstica, íntima y llena de dulzura, y se preguntó qué madre sería ella. Pero no pudo proseguir con el pensamiento, porque Rémy la agarró y la arrastró escaleras abajo mientras cantaba a voz en grito:

—¡HUSSASSAHÈ!

¡»EL HURACÁN,

»JOLLOHOHÈ!

»¡NOSOTROS DESAFIAMOS!

»¡HUSSASSAHÈ!

»¡VELAS ARRIBA! ¡AÚN MÁS!

»¡EL HURACÁN NOSOTROS DESAFIAMOS!

»¡NOSOTROS DESAFIAMOS!

Clémentine no conocía la ópera en cuestión, pero la música era arrolladora y quería saber algo más de ella. Los gritos de viejo marinero borracho hicieron salir a Hector, siempre con unas flores en la mano.

—¡Eh, chico, más bajito, que no estamos en cubierta! ¿Salís?

—¡Sí! ¡Hasta luego, Hector!

—Nos vemos —consiguió decir Clémentine antes de que el portal se cerrara de un portazo.

Una vez en la calle se miraron.

¿Y ahora?

¿Dónde se va a hacer nada?

12

Después de una tarde de niños, Clémentine pasó una noche de adultos. Había aceptado la invitación de Jean: cine tranquilo y *sushi* a las ocho.

Se vistió deprisa: pantalones de lino color café y una blusa de algodón blanca con rayitas azules muy finas. Se puso unas bailarinas de piel a juego con el bolso y cogió un fular azul. Se miró en el espejo: se dijo que estaba coquetona y que Jean lo notaría, y esto sería más peligroso de lo previsto. Cuando bajó para encontrarse con él, se topó con una multitud con aire de fiesta. Estaban todos allí: Hector llevaba una chaqueta de color verde bosque y la corbata a juego; Céleste, un bonito vestido gris y un chal negro, apropiado para una abuela; Rémy, una chaqueta azul con un escudo y pajarita de lunares; un señor de esmoquin; otro señor muy atractivo que no conocía y, por último, Delphine bajo su casco de pelo.

Se quedó inmóvil cuando vio a todas esas bellísimas apariciones en el portal del edificio.

—¡¡¡Hola, Clémentine!!! ¡Hoy nos vemos todo todísimo el tiempo!

—Pero ¿qué hacéis aquí? —preguntó, un poco celosa. Su cita le pareció insignificante de repente.

—Vamos al estreno de mamá de *El holandés errante*.

—¡Claro, es verdad!

—Me presento, no nos conocemos, soy Clémentine Poli —dijo tendiendo la mano al hombre elegante que los escoltaba.

—Encantado, estaba deseando conocerla. Soy el padre de Rémy y de Delphine, obviamente.

—El gusto es mío, señor Dubois.

—Adam, llámeme Adam, y gracias por todo.

—¿Por todo?

Dirigió una mirada hacia el pequeño lord que saltaba en la escalera. Clémentine asintió como diciendo: «Figúrese, el placer es mío por haber conocido a un niño tan espléndido».

—*Mademoiselle*, venga que también yo le presento a alguien —ordenó Hector—. Este es mi hijo, Christophe; ha venido para estar conmigo algún tiempo.

—¡Mucho gusto! —dijeron los dos mirándose a los ojos.

«Es fuerte», pensó ella. «Es una flor —pensó él—, un lirio de los valles, para ser precisos.»

—¿Cómo por aquí? —se atrevió a preguntar a ella que sentía curiosidad por añadir piezas a la vida de Hector.

—Soy arquitecto de jardines y jardinero, como mi padre, y viajo por el mundo porque me dedico a la recuperación de los jardines históricos. Y como acabo de terminar un importante proyecto que ha durado cinco años en Japón, me he tomado un descanso de unos meses.

—¡Qué maravilla! —consiguió decir Clémentine.

—Se nos hace tarde, señores, aunque estaríamos aquí conversando horas con la vecina más encantadora que tenemos, ¿verdad? —dijo Hector.

No soportaba llegar tarde: si estaba nervioso, sudaba,

y no se podía permitir llegar al teatro empapado y maloliente.

Se despidieron todos, y al abrir el portal, se encontraron con Jean que llevaba un ramo de rosas en la mano.

Clémentine se ruborizó y, de pronto, le desaparecieron todas las pecas. Solo lo notó Rémy.

El alegre grupo subió a un coche de siete plazas donde, mira qué casualidad, se quedó vacío un asiento junto a la ventanilla, y Clémentine se vio tras ese cristal.

La velada con Jean fue agradable, pero ella se perturbó cuando él la besó dulcemente en el portal. Era su segundo primer beso.

Al principio, la historia de ambos, que había durado cuatro años, requirió una pausa de algo más de un año. Después, de repente, se habían echado de menos. Subieron a la casa, pero por la mañana comprendieron, al mirarse aún medio dormidos, que se habían equivocado. Cuando él bajó a comprar unos *croissants*, ella revivió algunas escenas de su relación y le gustó, pero no lo suficiente como para confirmarle un nuevo comienzo.

Él no insistió en quedarse después del desayuno porque la conocía, la respetaba y aún la amaba.

13

El miércoles llegó en un suspiro, y Clémentine no se había comprometido con nadie, para estar libre a la hora del té. Daba por descontada la cita, aunque nadie le había dicho nada. No se atrevía a preguntar y esperaba que la invitaran de nuevo. En aquel té había una bocanada de aire fresco, de otros tiempos.

Faltaba poco para la media tarde y se había puesto a regar las flores de la terraza. Miraba cómo el agua se deslizaba por las hojas para luego penetrar en la tierra oscura: desaparecía en un momento, absorbida por un deseo enorme. Hacía siempre un juego cuando regaba las plantas, lo hacía desde que era niña en la terraza de la abuela que le encargaba esa tarea. Consistía en saber exactamente cuánta agua necesitaba la planta y en parar de echarla antes de que se desbordara por debajo de la maceta. Había que saber escuchar, comprender hasta qué punto ser generosos en vez de avaros con la regadera.

Se había dado cuenta de que el juego funcionaba también con el depósito del coche cuando tenía que llenarlo, pero en conjunto no era tan poético; lo único bueno era el olor de la gasolina que a ella le encantaba.

Aspiraba como una loca hasta el último instante antes de marcharse, y la gente la miraba como se mira a alguien que hace cosas raras.

Oyó que Hector había cerrado el agua abajo, probablemente había ido a tomar el té. ¿Y ella?

Incluso había hecho unas pequeñas galletas, adornadas con unas gotas de chocolate, para llevarlas.

Pasaron unos minutos y le parecieron horas, dándole la impresión de que se derramaban como los relojes blandos de Salvador Dalí.

Entró en casa para oír mejor el timbre, caminó un poco por el vestíbulo, se dirigió al estudio y miró distraídamente por la ventana, luego, a las estanterías, y la mirada recayó sobre el ejemplar que había cogido unos días antes, ese que no era suyo y que le había recordado algo. Atravesó la habitación para volver a mirarlo, pero en el momento en que iba a poner un pie sobre la escalerilla, oyó que llamaban fuerte a la puerta.

¡¡¡¡TOC, TOC, TOC, TOC, TOC!!!!

A punto estuvo de caerse del susto.

Corrió hacia la entrada y oyó enseguida una vocecita:

—¿Qué haces, Clémentine? ¿Estás dormida? ¿No bajas?

Abrió la puerta, y allí estaba Rémy que seguía aporreando en el vacío como un loco.

—¡Clémentine, el té! ¿No vienes? ¡¿No me digas que tienes que curar también hoy a alguien?! ¡No me digas que te has olvidado! ¡No me digas que no puedes venir porque me pondría muy triste! No me dig…

—¡Rémy, cálmate! ¿Qué dices? Claro que voy, pero no sabía la hora, no sabía nada, no sabía si… —No sabía si confesarlo, pero debía hacerlo de alguna manera, por lealtad hacia los niños: ¡no solo ellos tienen miedos!—. No sabía si podía ir…

Rémy se echó a reír.

—¡Pero qué dices, Clémentine, eres mi invitada favorita! ¡Venga, vamos que ya está todo listo!

—Espera, he preparado una cosa.

Un tornado pequeño y uno grande bajaron la escalera.

Hector planteó su adivinanza:

—Querido Rémy, ¿cuántas chocolatinas te puedes comer con el estómago vacío?

Era evidente para Rémy, dada la antigua costumbre del juego entre ellos, que no funcionaba la respuesta impulsiva, que las adivinanzas de Hector eran inteligentes y que no le gustaban las respuestas tontas como: «¡Depende de la barriga que uno tenga!», o cosas parecidas, como decían los niños que no practicaban ese «deporte» desde hacía unos años, como él.

El pequeño se quedó pensando, y los mayores, en un momento, se pusieron al día sobre los acontecimientos de la semana.

Se llegó a hablar del trasiego de personas que subían y bajaban del apartamento del último piso, y Clémentine se sintió en la obligación de darles explicaciones.

—¿Así es que usted trata de curar a las personas mediante los libros? —concluyó Hector, a quien le encantaba sintetizar cuanto podía.

—Digamos que estoy intentando demostrar que las palabras tienen un efecto terapéutico en sí mismas. El sonido fascina antes que el sentimiento. El sonido y el sentimiento consuelan, ayudan. Hay niños que han crecido en circunstancias espantosas, privados de atención y de amor, a quienes los libros los han ayudado, les han abierto horizontes de esperanza. Por eso quiero intentar aligerar algunos corazones abrumados. No quiero ser la sustitución de cualquier otra terapia, sino que deseo probar el poder de los libros y de la voz que lee. Me anima también el hecho de que los riesgos son prácticamente inexistentes y que me divierto mucho. Es un experimento, como lo fueron la arteterapia, la musicoterapia, la cromoterapia, la equinoterapia… y que ahora son herramientas muy válidas para el ser humano.

Le hubiera gustado no dar este pequeño sermón, pero el público escuchaba con avidez.

—¡Hablad también conmigo! —gritó Rémy.

—Calma, Rémy, estamos hablando para todos; y además, tú estás pensando en tu solución.

—Entonces, jovencito, ¿cuál es la respuesta?

—¡Dame una pista, Hector!

—Piensa como si fueras tú el que se come las chocolatinas y en su viaje hasta tu tripa.

—A ver, si me como una, va para abajo y para abajo, y luego, si me como otra, va…

—¿Adónde, Rémy? ¡Piensa bien en la pregunta! —sugirió la abuela.

—¿Cuántas chocolatinas te puedes comer con el estómago vacío…? O sea, o sea… tengo que encontrar la palabra más importante de la frase, ¿verdad? *Chocolatinas* es demasiado fácil; *comer*, no; queda *estómago*: no, *vacío, ¡vacío! Vacío* es la palabra clave, ¿verdad?

—¡Piensa justamente en lo que quiere decir vacío!

—¡Que no hay nada, ni siquiera una miguita!

Silencio.

—¡¡¡O sea que si pongo una chocolatina, ya no está vacío!!!

—¡Muy bien, Rémy! ¿Entonces?

—Entonces solo puedo comer una chocolatina con el estómago vacío.

Hubo un pequeño aplauso y a continuación empezaron a tomar el té con el bizcocho y las galletas.

Por la puerta asomó una cabellera y después una voz:

—¿Puedo tomar el té yo también?

—Claro, cielo, ¿te quieres sentar con nosotros?

Nadie la miraba, pero Delphine sentía todos los ojos clavados en ella.

—¿Seguimos inventándonos la historia de los señores de la guía telefónica? —preguntó Rémy sin tregua entre un sorbo de té y un mordisco de dulce. La abuela sonrió.

¡DING, DONG!

—¿Quién será? —preguntó la madre, mientras el niño estaba ya en la puerta.

—Si no les molesta, le he dicho a mi hijo que podía venir, quizá debería haberlo preguntado…

—¡Qué dice, Hector, he sido yo la despistada que se me ha pasado proponérselo! ¡Adelante, Christophe, pase!

—¡Buenas tardes a todos! —dijo con una amplia sonrisa que impactó a Clémentine por la blancura de los dientes.

Ella era sensible al blanco. Le parecía que era el color de los colores, el señor color.

Se añadió una taza, y todos volvieron a la guía, al señor Sébastien y a su hija Lisette. Flores a domicilio en cualquier punto de París.

—Había sido un día difícil para Lisette, de modo que decide llamar por teléfono a su mejor amiga. Vamos a buscar en la guía cómo se llama la amiga —dijo Rémy, y en un instante le trajo el librote a Clémentine.

—Abro sin mirar; su amiga será la séptima de la página de la derecha, ¿listos?

Todos asintieron como si estuvieran dentro de una pompa de jabón.

En la página 468 de la guía telefónica de la ciudad de París, en la séptima posición, figuraba Bernard Morice, número 23 Rue de la Mer.

—¡¡¡Vaya, es un hombre!!! —exclamó Rémy poniéndose las manos en la boca: un imprevisto que no había considerado.

—¿Cuál es el problema? También uno de mis mejores amigos es un chico —admitió Clémentine.

—¿De verdad? —la miró el pequeño alzando la vista.

—¡Claro! Los hombres y las mujeres pueden ser muy amigos —dijo Clémentine mirando a Christophe sin querer.

—¿No tienen que besarse, como en las películas o en las escaleras de Montmartre? —preguntó Rémy, perplejo por esta intromisión del mundo femenino en el suyo.

—Por supuesto que no, Rémy; los hombres y las mujeres se pueden besar, pero también pueden no besarse nunca y ser solo amigos —confirmó Christophe observando a Clémentine a propósito.

Ella se dio cuenta y tuvo un estremecimiento. Christophe era un hombre guapísimo, alto, de cabello castaño claro con algunos mechones mucho más claros que le entusiasmaban; habría podido ser un hombre de la corte de Federico II: fuerte, noble y culto. Era bastante mayor que ella, quizá quince años, y la camisa blanca que llevaba, un poco abierta, le daba un aire de haber vivido ya muchas vidas.

—¡Clémentine! —gritó Rémy para desencantar a la amiga que se había quedado fascinada con la taza en la mano—. ¿Soy yo el amigo del que hablabas antes?

—Mi amor, deja de atosigarla; las cosas buenas necesitan tiempo —dijo la madre mientras acariciaba la cabeza del niño.

—Rémy, mi amigo se llama Florien, y tú ya lo

conoces, ¿no te acuerdas del día que hice la mudanza?

—¡Ah, sí! ¡El de la camiseta violeta que trajo las cajas el día que llegaste aquí! De acuerdo, si es él, me parece bien.

—¡Y tú eres mi único mejor amigo de ocho años!

Rémy la abrazó impulsivamente, de esa manera que solo los niños tienen para expresarte que son felices.

—¿Entonces, qué pasa con ese Bernard? —preguntó Hector.

—Lisette lo telefonea y le pregunta si la puede ayudar a llevar unas cajas a la tienda —dijo Rémy sin dejar tiempo a nadie para recuperar el hilo.

—Sí, pero acuérdate de que Lisette estaba un poco triste, lo dijiste tú; entonces le pregunta que si, después de trasladar las cajas, puede llevarla a tomar un helado a su banco favorito —intervino Christophe, divirtiéndose con el juego y con el balanceo del pie de Clémentine bajo la mesa.

—¿Miramos si junto al nombre del señor Bernard hay alguna indicación? —añadió la abuela sin alterarse—. Pues vamos a ver... dónde está, lo he perdido... a ver... Dice Abog., ¡es un abogado! —concluyó la madre.

—¡Ya lo sé! Es un joven abogado que ha llevado un caso de la familia de Lisette y, al ser casi de la misma edad, se han ido haciendo amigos poco a poco —concluyó Hector.

—No, papá, perdona, pero yo creo que ni Lisette ni su padre, por lo que me habéis contado, son personas con problemas legales; es mucho más sencillo: se han conocido en ese banco, que está debajo del despacho del señor Morice, mientras él se tomaba un descanso, y ella le leía a Camus.

Clémentine tuvo otro estremecimiento, y esta no era una buena señal.

—¿Quién es Camus? ¿Quién es Camus? —preguntó Rémy que en aquella frase ni siquiera había entendido «problemas legales».

—Camus es un escritor francés muy famoso. ¿Y sabéis que hace tiempo leí un libro en el que se decía que quizás ese escritor no murió accidentalmente, sino que fue asesinado? —planteó Christophe, contemplando el cielo desde la ventana. Al tercer estremecimiento, Clémentine sucumbió y se relajó en la silla.

—Sí, es verdad, yo he visto también la película que lo contaba —dijo la madre mientras mordía una galleta—. Son exquisitas, Clémentine, gracias por haberlas traído.

—¡Clémentine! ¿Por qué te quedas embelesada? —chilló Rémy.

—Nada, nada, es que se están entrelazando unos hilos... —confesó con voz ronca.

—¿De qué hilos hablas? Clémentine, a veces eres muy rara...

—Déjala tranquila, Rémy —dijo la abuela que había leído el libro de un tal Neri Poli que, mira por dónde, se apellidaba igual que la chica.

La abuela tenía muchos libros y los guardaba con devoto amor en la gran librería de su habitación. No dijo nada de lo que intuía, pero sonrió levantando la mirada, y Clémentine se convenció de que estaba fantástica para sus ochenta años.

La historia de los personajes en busca de autor, por aquella tarde, se concluyó con un buen helado en el banco de Lisette y Bernard, que hablaron mucho y de muchas cosas.

Bernard contó a su amiga que había visto un documental en el que había descubierto que la mayoría de los lápices de labios contienen escamas de pez.

«¿Por eso tú no te pintas los labios, Lisette?», había preguntado Bernard.

«¡La verdad es que no lo sabía, pero ahora será una de mis motivaciones favoritas!», respondió Lisette con la voz de Clémentine.

—En realidad no se pintaba los labios porque a Lisette no le hacía falta: era ya guapa sin pintar —comentó Christophe mirando a los ojos a Clémentine.

Y así acabó también aquel té, que había adquirido un cariz decididamente diferente gracias al recién llegado, gracias también a su sensibilidad poco frecuente y a su camisa demasiado abierta y demasiado blanca.

14

Habría puesto París patas arriba para encontrarla, habría preguntado por ella a todo el mundo, la habría buscado por todas partes, pero no hice nada de esto: seguí escribiendo.

Y ella entró en mi historia porque no lograba entrar en mi vida, y de su personaje me enamoré.

Comencé mi novela un día en el metro; estábamos parados por una avería en la línea, podía bajar, pero no tenía prisa y llevaba conmigo la bolsa con lo necesario para ponerme a escribir. Así empecé. Fue como un hilo que se desenrolla y va yendo por donde quiere, libre de ser el hilo de una historia.

Fábula en París

Capítulo 1

Había una vez una niña de seis años que era alumna de primero de primaria. Justo hacia Navidad había hecho tales progresos que sabía ya escribir muchas palabras.

Su felicidad fue muy grande al ver escritas cosas que antes solo pronunciaba.

Aquel año, por Navidad, decidió escribir una palabra con bonita caligrafía y regalarla a las personas que conocía.

La niña se divirtió mucho poniendo las palabras en bolsitas y cajas grandes y pequeñas. Las cerró con preciosos lazos a los que pegó hojas de pino, hilos de lana, bayas blancas, pompones de colores, botones y toda clase de pequeñas cosas que se pudieran colocar bien en un paquete para adornarlo.

Imaginad ahora el estupor y la agradable sorpresa de las personas al encontrar palabras corrientes que poseían una fuerza nueva, una luz diferente, un significado reconquistado. Y no porque fueran palabras importantes como amor, amigo u otras parecidas, sino términos como pajarillo, indio (por el hecho de que con la «i» se aprende siempre esa palabra), uva, flor… y todas aquellas que se recuerdan al pensar en los primeros meses de primero de primaria.

En la Navidad siguiente, regaló frases y luego, en los sucesivos años, pequeños pensamientos, textos breves, poesías, cartas, relatos… Cada año que pasaba descubría sus pensamientos, los veía salir, se convertían en algo que los demás podían conocer también y eso fue maravilloso para ella.

Comprendió que escribir le servía, sobre todo a ella, para comprenderse mejor y para hacerse entender mejor.

De mayor se construyó una casa en París hecha de libros, y cada vez que cogía uno para leerlo, se abría una ventana y en la habitación entraba una nueva luz.

La chica era guapa, de una belleza poco convencional, olía bien y daba los buenos días con la mirada.

Ella no sabía que él la observaba, desde que la había visto sosteniendo un paraguas en el bordillo de una acera.

No se había percatado de nada mientras subía y bajaba rápidamente las escaleras del metro.

Él quería conocerla y quería que pareciera una casualidad.

Así, se dispuso a prepararlo todo: la arrollaría sin querer en la línea rosa del metro y se excusaría invitándola a un café.

Todo estaba determinado para un viernes por la mañana, porque por la mañana ella no tenía prisa y caminaba relajada sin prestar mucha atención a nada.

Era martes, y él miraba abstraído por la ventanilla del metro, cuando una voz suave le dijo:

—¿Podría sentarme? —Señalaba la cartera de cuero que ocupaba el asiento de al lado.

Él asintió distraídamente; estaba a punto de apartar la cartera, y antes de alzar la mirada, vio unos pequeños zapatos rojos, tipo merceditas. Se dio la vuelta de nuevo hacia la ventanilla y en ella vio reflejada una imagen que, por ahora, se le había aparecido muy poco como para estar seguro, de manera que se giró de repente y la vio…

—Claro… perdona… por favor… siéntate… ¡ya está! —Y la cartera y su contenido se cayeron sobre los pies de la chica y en el suelo del vagón.

Ella se echó a reír como una loca y se quedó admirada al ver lo que se había caído:

- un fajo de folios que tenía todo el aspecto de ser una novela, junto con un diccionario etimológico
- 4 bolígrafos de colores diferentes
- 1 goma de borrar

- 2 lápices: uno amarillo y otro azul

- un bloc

- un cuaderno

- algunas canicas, que rodaron por todo el vagón y allí se quedaron...

15

El jueves Clémentine tenía dos nuevos niños con los que practicar la lectura. Uno de los dos se llamaba Yuri; era un niño ucraniano de nueve años, adoptado cuando contaba cuatro por una familia que lo había deseado mucho y que ahora estaba muy preocupada por la rabia que manifestaba el pequeño.

Yuri llegó puntual a las tres, cogido de la mano del padre. Apenas Clémentine abrió la puerta, él se puso rígido y el padre sonrió nervioso.

El niño tenía el pelo finísimo, casi blanco, y dos lagos helados en lugar de ojos. También el padre era rubio, pero de un tono ceniza, y llevaba unas gafas redondas y ligeras que flotaban sobre un agraciado rostro.

—¡Yo no quiero estar aquí! —gritó Yuri, en cuanto se abrió la puerta.

—Yuri, basta ya, por favor; perdone y buenos días.

—Buenos días, por favor, entrad, ¿os apetece tomar algo? —preguntó Clémentine sin desanimarse.

Entretanto Yuri se había agarrado al padre con fuerza.

—¡Esto me da asco y ella no me gusta!

—¡Yuri, basta, suéltate y hablemos de ello con calma!

—¡No! ¡No y no!

—Si queréis os dejo solos —dijo ella para no interferir en lo que había comprendido que era una actitud característica.

—Mire, lo siento mucho; quizá si me concede cinco minutos, conseguiría calmarlo.

Clémentine sonrió y, mientras se dirigía a la cocina, le dio una palmadita en un brazo.

Aun con la puerta cerrada se oían los gritos del pequeño y las pacientes palabras del padre, pero la paciencia se le estaba acabando. Yuri daba patadas y puñetazos, y el padre estaba cada vez más desolado y humillado.

Pasaron más de diez minutos, y entonces Clémentine decidió abrir la puerta y volver a la entrada del apartamento con una enorme piruleta de color ámbar.

Se limitó a pasar con el caramelo en la mano.

Yuri estaba tirado en el suelo pataleando, el padre se había sentado derrotado en un sillón. Al verla pasar, Yuri se quedó mirándola fijamente.

—¿Oye, qué es eso?

—¡Una piruleta!

—¿Por qué la tienes?

—Porque me la he hecho.

—¿Y por qué la has hecho?

—Porque me las hacía mi tía cuando era pequeña.

—¡Pero ahora ya no eres pequeña!

—¿Y entonces, no me la puedo hacer? —preguntó Clémentine guiñándole un ojo—. Si quieres, te enseño a hacerlas.

—¿Como esa?

—¡Igualita! La he hecho ahora mientras tú gritabas que no querías estar aquí conmigo.

—¿Y cómo se hacen?

—Con azúcar.

—¡No me lo creo!

El padre estaba a punto de intervenir para moderar el tono del hijo, pero Clémentine le interceptó la mirada y le hizo un gesto para que lo dejara estar.

—Qué le voy a hacer, si no te lo crees. Yo te digo que sé hacerlas. Si quieres, te enseño, pero tienes que fiarte de mí.

Aquello era el núcleo de todo. Los niños abandonados, aunque los hayan adoptado, no consiguen confiar en nadie, y es normal, porque la vida les ha hecho vivir el abandono desde el primer momento. Mientras esperaba en la cocina, Clémentine casi había visto mentalmente una película al pensar en las palabras de la madre de Yuri cuando la había llamado para pedirle una cita.

Interior de un edificio, música de piano.

Estamos en Ucrania, en el campo, unos años después del segundo milenio.

La cámara encuadra el exterior de un edificio enorme, muy viejo, gris, fantasmal. El cielo está oscuro y hace mal tiempo, cae agua nieve que hiela la sangre.

La cámara vuelve al interior de una habitación, ni demasiado grande ni demasiado pequeña; el piano sigue sonando y se ven unas manos nudosas que lo tocan, garras sobre ébano y marfil de un piano viejísimo. La música es bastante alegre, pero parece triste.

El plano se amplía sobre una figura que toca, una mujer seca, austera y rígida. Lleva un vestido negro con un cuello blanquísimo abotonado hasta arriba. El cabello, canoso, se lo ha recogido en un apretado moño que no se suelta nunca. Parece vivir en los años veinte.

Entra por la puerta un niñito: pantalón corto, camisa almidonada y pelo engominado. Ella le hace un gesto y él empieza a danzar como un juguete de metal que funciona con pilas. Baila como un soldadito que no sabe dónde está, ni quién es. Ella cambia el motivo y él cambia los pasos.

La cámara encuadra a una pareja europea, burguesa y desconcertada. Se esfuerzan por sonreír, pero temen lo peor. Cuando finaliza la música, el niño hace una reverencia y recibe los aplausos leves de unos posibles padres que podrían decidir que él, después de esa exhibición, podría convertirse en su hijo.

Ese había sido el primer encuentro de los padres con Yuri, que no había recibido nunca un beso en sus cuatro años de vida, sino solo empujones de feas manos nudosas de bruja. No es una película, sino aquello que les ocurre a muchos niños del Este, hacinados en esos hospicios sin amor.

¿Cómo enseñar ahora a Yuri el amor? Los padres, después de cinco años de intentos, todavía no habían encontrado la llave para entrar en su corazón. Al principio no se dejaba siquiera tocar, aunque ahora empezaba a buscar las caricias, pero el equilibrio seguía siendo precario. Cuando Yuri apretaba la tecla del pasado, se perdía en algún gélido lugar buscando su historia anterior a la historia presente, buscando respuestas a las preguntas que no pudo hacer a aquella institutriz que lo obligaba a bailar para quedar bien y para que sus actuales padres lo eligieran.

Todo esto ocurría en el interior del niño, que no conseguía comprender por qué antes nadie lo había amado y por qué ahora no conseguía dejarse amar. Cuando Yuri pulsaba inadvertidamente la tecla del pasado, lo rompía todo, en especial en el colegio.

—Entonces, ¿quieres aprender o no a hacer piruletas?

—Pero ¿exactamente igual que esa?

—Sí.

—¿Dónde?

—En mi cocina.

—¿Y dónde está?

—Allí.

—Enséñamela.

—Ven.

Yuri tiró a su padre de la chaqueta.

—Mírala, ¿te gusta?

—No mucho.

—Bueno, a mí mucho, pero no importa; las piruletas salen buenísimas.

—¿Y dónde se hacen?

—Se hacen en un cazo, en el fuego y...

—¿¡Ah, sí!? ¿En el fuego? ¡¿Pero qué dices, no ves que está dura, qué dices?!

El padre sufría, consciente de que desconocía los motivos que provocaban la actitud del niño.

—Si quieres te enseño, pero me tienes que escuchar con atención. Si tuvieras ocho años, no te enseñaría porque hay que trabajar con fuego, pero visto que me pareces muy listo y mucho mayor de nueve años, puedo...

Al niño se le escapó una sonrisa que, inmediatamente, selló al darse cuenta del fallo.

—Entonces cogemos un cazo pequeño y ponemos azúcar, ¿lo pones tú?

—Si quieres...

—¡Vamos, échalo!

—Bien, ahora encendemos el fuego, ¿puedes?

Yuri miró a su padre que lo animó con una mirada dulce.

—Ahora colocamos el cazo en el fuego, coge esta cuchara de madera y dale vueltas.

—¡Pero no puede salir bien! ¡Mira los grumos y está blanco, y mira cómo es tu piruleta!

—¿Tendrías un poco de paciencia en algún bolsillo?

Yuri se quedó quieto. Era una de las pocas veces, desde que había aprendido francés, que no tenía la respuesta a punto.

—¿Qué, tienes o no tienes paciencia en el bolsillo?

—Sí… o sea no… no lo sé…

—Mira a ver si esta mañana la has puesto en el bolsillo.

—Pero estoy dando vueltas al azúcar…

—Tienes dos manos…

Se inclinó a mirar el bolsillo sacado para afuera, salieron mil migas y dos papelitos.

—Me parece que no hay…

—Entonces espera: voy a darte un poco de la mía.

—¡Y también de la mía si quieres! —dijo el padre de repente después de tanto silencio.

Una vez puesta la paciencia en el bolsillo del hijo, se alejó de la cocina.

—¿Quién te ha explicado que se hacen así las piruletas?

—Te lo he dicho antes, ¿no te acuerdas?

—¿Antes, cuándo? ¿Cuando estaba ahí afuera?

—Sí, antes, cuando estabas ahí.

—¿Cuando estaba tirado en el suelo?

—Sí, cuando estabas tirado en el suelo.

—¡Ah, sí! Has dicho que las hacía tu tía.

—Muy bien… pero escucha, ¿por qué estabas tirado en el suelo?

—Porque estaba enfadado, porque no me gustaba estar aquí. ¡Mira! ¡El azúcar está cambiando de color!

—¡¿Has visto?! Si no hubieras tenido paciencia, no habrías conseguido verlo.

—Se está transformando.

—Quizá tenga superpoderes.

—¡Ah! ¡Pero ¿qué dices?! ¡El azúcar con poderes, como los superhéroes!

—¡Venga, vamos a ponerle un nombre de superhéroe!

—¡Vale! Haremos que se llame... que se llame... ¡supergranito!

Clémentine se esperaba un nombre de guerrero, pero *supergranito* le produjo una ternura infinita.

—¡Estupendo! ¡Vamos, supergranito, transfórmate!

—¡Vamos, guapo!

El padre, entretanto, leía los títulos de los libros del estudio, oía las risas y se sintió aliviado y un poco celoso.

Rápidamente, el azúcar adquirió un color dorado, se calentó y desprendió un agradable perfume.

—Atento ahora; no podemos perder ni un instante, ¡porque si no se quemará! Limpia bien la mesa de mármol y pon un poquito de aceite encima.

—¡A la orden, cocinera!

—¡Muy bien! Ahora coge uno de esos palitos que están en el aparador y estate preparado.

—¡Estoy listo!

—Yo verteré el caramelo sobre la mesa y tú le pones el palito justo en el centro.

—¿Así está bien?

—¡Muy bien!

—¡¡Hala!! ¡¡¡Es gigante!!! ¡Qué bonita es esta, aunque parezca una pera! ¡Ji, ji, ji!

Habían salido ocho piruletas de formas variadas y divertidas. Cuando se enfriaron, Yuri las limpió delicadamente con papel de cocina y las observó una por una. Miró a través de ellas y la realidad fue, de improviso, más dulce. Le gustaba mirarlas por dentro: parecía la vidriera de una iglesia. Las ponía contra el sol y esperaba.

Clémentine lo observaba sin decir nada mientras hacía sus experimentos. Al final fue él quien habló.

—También en Ucrania miraba por un cristal.

—¿Y qué mirabas?

—Veía a los padres que se llevaban a los niños, pero nadie me escogía a mí.

La chica contuvo las lágrimas que pugnaban por salir, aunque el niño no la miraba a ella sino que contemplaba su vieja película.

—Escucha Yuri... —Se le acercó e intentó acariciarlo; él no se apartó y ella se atrevió a sentarlo sobre sus rodillas. Yuri no se dio cuenta de nada y se abandonó mientras miraba a través de las esferas doradas que sujetaba con fuerza.

Se quedaron así un rato, hasta que se oyó una voz que venía de la entrada:

—¡Qué aroma!

—¡¡Mira, papá!! —gritó Yuri bajándose a la carrera de las piernas de Clémentine.

—¡Son magníficas! ¿Las has hecho tú?

—¡Sí! ¡Todo yo solo y con un poco de ayuda de ella!

—Digamos que he hecho de pinche de un gran cocinero.

—¡Vámonos, papá!

Clémentine le hizo un gesto de asentimiento al padre, que estaba un poco turbado pero feliz.

—Bueno, pero primero nos despedimos y damos las gracias, ¿no?

—¡Hasta luego!

—¡Hasta luego, Yuri!

—Pero ¿tú cómo te llamas?

—Me llamo Clémentine, y ha sido un placer conocerte.

—Ah... ¡vale! ¡Vámonos, venga!

—¿Nos despedimos y preguntamos si podemos volver?

—... ¡veremos!

—¡De acuerdo, Yuri! Piénsalo y luego, si quieres venir a verme otra vez, yo estaré aquí esperándote.

—¡¿Estás siempre aquí?!

—A veces salgo.

—Pero ¿si vengo el jueves a las tres, estarás?

—Sí, el jueves a las tres estoy siempre en casa.

—¡Ah, muy bien! ¡Hasta luego!

—¡Hasta luego! —dijo Clémentine riéndose.

El padre trató de decir o explicar algo, pero ella lo empujó con suavidad, acariciándole de nuevo el brazo.

16

Clémentine se sentó en la terraza con una taza de té verde en las manos. Miró la barandilla fijamente mientras se lo tomaba. Se oía a Hector canturreando mientras trabajaba por allí abajo. Cada cual tiene su vida, que comienza de manera que parece similar para todos, pero que no lo es. Las madres custodian las historias de nuestros inicios. Pero las de los niños perdidos en otras historias no las conoce nadie. El té giraba en la taza, y Clémentine veía en esta imágenes que no había. La vida es un asunto muy privado, y para entrar en la de Yuri, ella iría de puntillas, si es que el niño volvía.

Impulsivamente, escribió en el cuaderno las ideas que se le habían ocurrido.

El té se había enfriado: debía de llevar allí bastante tiempo, fascinada en el vacío. Rémy tenía razón: de vez en cuando se bloqueaba, se quedaba estática, como si tuviera que estar inmóvil para permitir a su pensamiento que corriera a toda velocidad.

¡DING, DONG!

Se derramó el té en los pantalones de algodón azul.

—¡Hola! —dijo Christophe, que seguía con la camisa tremendamente desabrochada y blanca.

—¡Hola!

—¿Te molesto? ¿Estabas trabajando?

—No, por hoy he acabado.

—¿Te apetece un helado?

—¿Por qué no?

—¿Te has hecho pis encima?

Clémentine miró la mancha del té.

—No, es que me he dado un susto cuando has llamado y se me ha caído la taza; voy a cambiarme, tardo un minuto, ¡entra!

Ella cerró la puerta de su cuarto, y él estaba impaciente por conocer dónde vivía la chica. Se metió rápidamente en el estudio y curioseó por las estanterías.

¡RIIIN!

—Pero ¿todos ahora? ¿Diga? —dijo Clémentine con una pierna dentro y otra afuera de un par de vaqueros limpios.

—¡Hola, Clem, soy yo!

—¡Hola, Jean!

—Quería saber si te apetecería venir conmigo a la inauguración de la exposición de una colega mía, dentro de un par de horas…

—¡No puedo, Jean! —respondió, mintiendo sin saber por qué.

—Ah… entonces…

—¡Entonces ya hablaremos; hasta luego, Jean! —dijo mientras miraba desde la puerta de su habitación.

Colgó y fue a buscar a su visitante. Lo encontró hojeando *Pequeño azul y pequeño amarillo* de Leo Lionni.

—¡Estoy lista!

—Recuerdo este libro de cuando era pequeño.

—¡Claro, es un libro de hace más de cincuenta años! ¡Es uno de mis preferidos, es genial!

—¿Sabes?, cuando de niño lo miraba, las manchas

verdes finales me parecían arbustos, y todavía hoy, cuando proyecto un jardín un poco salvaje y diseño los arbustos, vuelvo a pensar en estas manchitas e intento repetirlas para que produzcan ese efecto irregular.

—¡Es precioso! —le salió con esa forma suya dulce y entusiasta a la vez.

—Me da casi escalofríos.

—Por eso estoy intentando hacer lo que hago, porque el poder de las imágenes y de los libros, sobre todo los leídos en la infancia, puede dejar pequeñas y maravillosas marcas en la vida de las personas.

—Tienes razón, no lo había pensado nunca, pero ahora que lo tengo en la mano, me doy cuenta de ello.

—¡Entonces, es un momento *Madeleine*!

Él no lo entendió, pero fingió entenderlo.

El tranquilo atardecer de finales de septiembre caldeó agradablemente la tarde. Hablaron sobre todo de Japón y de lo que él había vivido allí. Su conversación era un hilo que se desprendía de un ovillo infinito. A las nueve se decidieron por una crepe salada y por una dulce cuando iban de camino a casa.

Antes de dormirse, Clémentine tuvo un ligero presentimiento: se estaba metiendo en líos. Mejor olvidarse —hombre demasiado mayor que ella y demasiado experimentado—, mejor olvidarse.

Los pensamientos acabaron en sueño, y al día siguiente los olvidó.

(…)

… fue así que, después de amarse ocho meses como viento y hojas, decidieron ir a vivir juntos.

Él la ayudó a ampliar el número de libros de la casa al llevar también los suyos, y vivieron allí para siempre.

Y

Necesité tres semanas para acabar mi libro y para enamorarme perdidamente de aquella mujer que ya no me encontraba por las calles de París.

Empecé a tener dudas de si la había visto realmente la primera vez sujetando su paraguas.

Mandé mi pequeño manuscrito a varios editores con esta pequeña sinopsis:

Fábula en París, de Albert Séraphin

Pequeña fábula de amor y de libros, ambientada en un París atemporal.
Novela casi real, si no fuera inventada.
Tiempo de lectura: cuatro horas en un buen sillón y cinco horas en el metro.

17

Al día siguiente Clémentine se disponía a conocer a otra niña, Caroline. Tenía ocho años y comía cuanto encontraba a su paso.

Mientras la esperaba en la terraza, contemplaba la vid americana que estaba adquiriendo un tono rojo anaranjado. Un espectáculo de gran intensidad, tanto que le pareció estar ante una fotografía.

Estaba menos relajada que las otras veces, porque con las niñas experimentaba siempre mayor dificultad para romper el hielo. Las niñas disponían ya de esa corteza que debe prepararlas para el parto y para las fatigas de la maternidad. Sin embargo, en su corazón las adoraba y esperaba poder tener una hija, algún día. Era el primer contacto lo que le resultaba menos fluido y menos inmediato.

Siguió mirando un poco más las oscuras nervaduras de las hojas de la vid, y observó que recorrían mil pequeños caminos para alcanzar las partes más alejadas de la hoja.

La naturaleza tiene el poder de garantizar la vida incluso a las extremidades, aunque sean las más lejanas, las más pequeñas. Solo los hombres no consideran sagrado este principio, y así se crea una sociedad que no coloca a los niños en un lugar central, sino al lado, o incluso en un plano inferior. Por ello, hay niños tristes, con dolores de cabeza y muchas manías, niños en los que el miedo, la vergüenza o la timidez juegan un papel constitutivo de su ser, y ya no son niños, sino la encarnación de una emoción o un sentimiento desbordantes y exasperados que quiere gritar al mundo que ellos también existen.

¡DING, DONG!

Clémentine se pasó una mano por la cara para alejar las preocupaciones. Sabía que la afectaban, pero no podía permitirse el lujo de quedarse inmersa en ellas en ese momento.

Vio unas coletas por la mirilla: era ella.

—¡Buenos días! —dijo alegremente al abrir la puerta.

—¡Hola! Yo soy Caroline y cumplo ocho años en enero.

—¡Hola, Caroline! —Se inclinó para mirarla a los ojos.

—¡Buenos días, señora, adelante!

—Hasta luego, mamá, ¿te marchas?

—Enseguida. Buenos días, doctora, ¿cómo está?

—Bien, gracias, señora Matisse. Pase, por favor.

—Verá, la niña parece tan animada que aprovecharía la ocasión. Es que tengo muchas cosas que hacer.

Clémentine le sonrió asintiendo. Todo cuanto debía saber de la niña lo habían hablado ya en la entrevista preliminar. Además, había leído la documentación del centro, acerca de trastornos alimentarios, donde la pequeña seguía un tratamiento, y había charlado también un poco con la psicóloga que la trataba desde hacía un año y que había sugerido a la madre la *libroterapia* de Clémentine.

La señora se fiaba porque apenas entendía del tema,

pero sabía que tenía una hija que devoraba historias de cualquier tipo, como decía su maestra.

Caroline se había ido ya al estudio, había cogido algunos cuentos ilustrados y los estaba leyendo ella sola.

Clémentine entró y vio a la pequeña que, al no poder estar sentada con las piernas cruzadas a causa de su gordura, se había tumbado en el suelo, con un cojín debajo de la cabeza y sujetando el libro al aire. Sintió una gran alegría, como cuando se muerde una fruta madura y, encuadrándola con las manos, le hizo una fotografía y le dijo:

—¿Qué lees?

Estaba absorta, ajena al mundo.

Se acercó y se tumbó a su lado para ver ella también el libro. Caroline prosiguió como si nada hasta el final, y entonces se giró:

—¡Qué bonito! ¿Dónde lo has conseguido?

—Los compro, me los regalan…

—A mí nunca me regalan libros, aunque yo se los pido a mamá siempre…

—Como yo tengo muchos, te los puedo prestar.

—¿De verdad?

—¡Claro!

—Entonces eres buena, como mi maestra.

—¿Quieres que leamos uno juntas?

—¡¡Sí!!

—¿Lo elijo yo?

—¡Vale!

Empecemos por este, a mí me chifla.

Leyeron muchísimo rato, eligiendo uno a uno los cuentos, casi al azar y sin pausa. Clémentine estaba impresionada por la avidez de la niña por escuchar palabras, e imaginó que su relación con la comida podía parecerse a esa carrera que acababan de hacer.

Se dio cuenta de que había perdido la noción del tiempo mientras estaban todavía tumbadas hablando de ciertas nubes en los días semilluviosos. Como aquel.

Caroline había notado, al ponerse en pie, que el cielo se había puesto más negro y traía mensajes de guerra.

La madre llamó a la puerta, mientras ellas estaban con la nariz pegada al cristal de la ventana. El sonido del timbre desentonó.

La señora, cargada de bolsas, no se preocupó demasiado por felicitar a la niña o saludarla de manera afectuosa, sino que introdujo en el tranquilo apartamento una carga de prisa y de energía negativa de la que hasta los libros se percataron.

—¡Vamos, Caroline, que tengo cosas que hacer!

—¿Qué tienes que hacer, mamá, si no trabajas?

—Pues un montón de cosas. Despídete, da las gracias y, si a usted le va bien, nos vemos la próxima semana.

—¡Por supuesto!

—¡Espera, mamá!

Caroline estaba metiendo en una bolsa de tela los libros que le había dado Clémentine y, mirando al paragüero, le pidió un paraguas prestado.

Se había olvidado del paragüero de la entrada, lleno de paraguas de todo tipo.

Contra cualquier expectativa, la niña escogió uno negro de empuñadura de madera.

—¡Te lo devuelvo la próxima semana! ¿Puedo darte un besito?

—¡Muévete! —gritó la madre desde el ascensor.

El beso fue rápido, pero profundo y quería decir muchas cosas.

Mientras Clémentine cerraba la puerta, oyó una serie de barbaridades dichas por la madre, ahogada entre las bolsas de las compras.

Todavía la invadía la dulce sensación del beso de la pequeña, y entonces le vino a la cabeza su amiga Michelle, quién sabe por qué. La llamó enseguida y, tras una media hora de hablar por teléfono, quedaron en verse esa misma noche para cenar en casa de Clémentine. ¡Michelle todavía no la había visto!

18

—¡Hola, Michelle!

—Clem, cielo, ¿qué tal estás?

—¡Muy bien! ¡Ven!

—¡Ya la entrada es estupenda!

Pasearon por las habitaciones y emplearon casi media hora en recorrer los apenas setenta metros cuadrados de apartamento. Michelle se fijó detenidamente en todo, como se espera de una verdadera amiga del alma.

Decidieron comer en la terraza, poniéndose un jersey ligero.

¡DING, DONG!

—¿Quién es?

—No lo sé; lo bueno de esta casa es que siempre hay sorpresas tras la puerta principal.

Clémentine abrió despacio y oyó como un rugido:

—¡Uh! —Era Christophe, con Rémy sobre los hombros.

—¡Hola!

—¡Hola, Clémentine! ¿Vienes con nosotros a dar un paseo?

—Lo siento, pero hoy no puedo… Tengo compañía.

Christophe bajó de inmediato la mirada.

—¿Quién es? ¡No me digas que es uno de tus niños que tiene que leer! —dijo Rémy muy alto, demostrando sus celos.

—No, no, es mi mejor amiga. Entrad, y os la presento.

Los tres se dirigieron a la terraza, donde Michelle contemplaba cómo trepaba la vid americana.

—Michelle, estos son Christophe y Rémy, dos amigos que viven en el edificio.

—¡Encantada!

—Hola, Michelle, ¿desde cuándo eres amiga de Clémentine?

—Desde que teníamos tu edad.

—Entonces, desde hace más tiempo que yo soy amigo suyo.

—Un poco más, sí.

—Nosotros os dejamos con vuestras cosas. ¡Rémy, vámonos!

—¡Vale! ¿Vendrás con nosotros la próxima vez?

—¡Claro que iré! ¡Divertíos!

En cuanto se cerró la puerta, Michelle no se contuvo:

—Pero ¿quién es ese hombre maravilloso con ese niño encantador?

Clémentine le contó la película en la que estaba viviendo: el ritual del té, el entretenimiento del miércoles y el ligero juego amoroso con Christophe.

—¡Clémentine, solo tú podrías encontrar un lugar así para vivir, parece imposible!

Michelle se refería a la capacidad de su amiga de encontrarse en situaciones al límite de la realidad, o mejor dicho, que avivaban la realidad. Tenía el don de entablar de inmediato relaciones con personas de cualquier edad, así como la ingenuidad de una niña frente a quien, literalmente, la cortejaba.

—Clémentine, ¿a qué esperas para salir con ese hombre?

—No lo sé, Michelle, es tan mayor y tan… —No sabía exactamente qué era lo que la frenaba; era una sensación y punto—. Demos tiempo al tiempo, lo conozco desde hace diez días nada más; viaja mucho por el mundo…

—¿Y qué, no me digas que eso te lo impide?

—No, pero… Hablemos de otra cosa.

—¿Jean?

—No, Michelle, ya no funciona, le haría perder el tiempo.

—¿Él sigue enamorado?

—Sí, pero hablemos de otra cosa, ¡por favor!

—¡Entonces cuéntame cómo van los niños con los que has empezado a trabajar!

La puso al día respecto a Olivier, Yuri y Caroline, y se emocionó al percatarse del sentimiento ya muy intenso que experimentaba hacia ellos.

La tarde avanzó deprisa hasta hacerse de noche, y no habrían dejado de hablar nunca, pero se despidieron con un abrazo largo e intenso en la puerta de la casa. Con el rabillo del ojo, Michelle miró el llavero-naranja y pensó que con su amiga era todo un poco mágico.

Contactaron conmigo muchas editoriales, entre ellas la gran Céleste Éditions.

No es verdad que nadie lee los manuscritos.

Querían imprimir enseguida el texto, ya que lo habían encontrado perfecto y bastante oportuno para venderse en Navidad.

Como el tiempo apretaba mucho, se hizo una edición a toda velocidad pero cuidadosa. Los libros importantes que se publican en Navidad se preparan en mayo, pero una editorial tan grande como aquella podía permitirse el lujo de improvisar para satisfacer a sus lectores.

Era un libro corto: ciento veinte páginas impresas en papel reciclado.

Conseguí que pusieran una fotografía hecha por mí en la portada: una niña en la calle, bajo un gran paraguas rojo. El departamento de prensa se puso a trabajar desplegando estrategias de promoción y presentaciones. Tenía que estar todo a punto entre el 18 y el 21 de noviembre.

El que no estaba preparado era yo. Había creído en esta fábula para mí mismo y punto.

No sé por qué había enviado el manuscrito, no tenía veleidades de escritor, aunque la escritura me hubiera atrapado desde siempre.

Aquella fábula era mi mejor fantasía, y no sabía si quería compartirla.

Pero era ya demasiado tarde; con mi firma había dado la señal de salida a todo…

Luego pensé en lo importantes que eran para mí las historias que, gracias a la generosidad y al trabajo de los escritores, había podido leer. Y me convencí al repetirme que si, mediante una historia, ayudaba al mundo a ser más bello, cumplía con mi deber bajo el cielo.

19

—¿Se puede? ¿Hay alguien, Hector? —Clémentine empujó la puerta entornada de madera maciza, buscando al omnipresente portero

—¿Se puede? Yo entro… —Dio unos pasos hacia el interior y encontró lo que no esperaba: una casa luminosísima y encantadora. Había flores en cada ventana y plantas por doquier; muebles antiguos que habían vivido las guerras y mostraban sus huellas; pequeños cojines de terciopelo de color burdeos… Los cuidados de una mujer en el apartamento de un hombre que vivía solo.

La puerta del patio estaba abierta y se asomó.

—¿Hector?

Nada.

El patio parecía un jardín de los grandes palacios de Babilonia. Crecían flores de todos los colores y algún árbol. En una parte con grava, había dos bicis apoyadas en la pared y todo parecía provenir de otra época.

Distraída siguiendo el vuelo de una abeja, oyó una música que provenía de la vivienda.

Volvió a entrar despacio y vio una puerta cerrada. La música procedía de allí. Aguzó el oído y oyó que alguien hablaba.

—¡Adiós, pequeña! Yo también te echo muchísimo de menos… ¡Hablamos mañana, un beso!

Clémentine se encontró en una difícil situación: sabía que el tiempo que habría empleado en atravesar la habitación y salir era superior al que emplearía quien iba a abrir la puerta cerrada.

—¡Buenos días! —la sorprendió Christophe con su habitual buen humor.

—Buenos días, no quería molestar, ni entrar sin permiso… He llamado…

—¡Tranquila, aquí no tenemos secretos! —exclamó enarcando una ceja—. Mi padre ha ido al oftalmólogo y volverá dentro de unas horas, ¿puedo serte yo útil?

—¡No, no, es igual! —dijo apresuradamente, queriendo escapar lo antes posible.

—Puedo ofrecerte algo, estaba a punto de hacer café…

—No, de verdad; he de volver, tengo trabajo.

—Te encuentro extraña, hoy.

—¡No, estoy muy bien! ¡Hasta luego! —se excusó, y cerró la puerta al vuelo corriendo escaleras arriba como presa de un miedo enorme.

En el rellano del tercer piso, Clémentine arrolló a Delphine y provocó que se le cayera algo.

—¡Ay, Dios mío, perdóname, Delphine! Espera que te ayudo. ¡Qué desastre!

Mil folios y hojitas volaron por todas partes y se cayeron por la escalera.

—¡NO! ¡Ya lo recojo yo!

—¡Ni hablar, la culpa es mía!

Se puso a recoger los papeles como una loca mientras la chica le decía que lo dejara.

En trance por la conversación telefónica que había oído sin querer, no atendía a nada, pero en un determinado momento se dio cuenta de que lo que había volado era un manuscrito.

Entonces volvió en sí y oyó a la chica que le decía que parara. Demasiado tarde.

—Delphine, lo siento, no he visto nada, bueno, no he leído nada de lo que hay escrito, aunque me hubiera gustado. ¿Lo has escrito tú?

Delphine, protegida por su cabello, le arrancó los papeles de las manos y se fue a toda prisa llorando.

Clémentine estaba tan disgustada que no logró esbozar una sonrisa ni siquiera al ver al gatito nuevo de la señora del cuarto piso.

En una vida en la que estaba esperando que ocurriera algo, la buscaba en el metro, en los Jardines de Luxemburgo, en la Place des Vosges y mientras estaba sentado mirando a los niños, que empujaban barquitos con palos en las grandes fuentes frente al Louvre.

No había rastro de ella y, razonando sensatamente, la posibilidad de volverla a ver en una ciudad enorme como París era mínima.

20

Adentrado el otoño, Clémentine leía ya para diez niños. La Facultad de Pedagogía y Psicología de la universidad la convocó para conocer mejor este experimento, que para ella se había convertido en algo muy importante y serio. Mantenía una intensa relación con las familias, y todos empezaban a ver los frutos de su trabajo.

Había descubierto que Rémy era disléxico y padecía disgrafia; por eso odiaba la lectura y le costaba trabajo escribir las letras que bailaban como locas. Así pues, lo trató al mismo tiempo que una logopeda. La madre estaba tan agradecida que lloró una tarde entera.

El té de los miércoles iba cada vez mejor, y los participantes gozaban toda la semana de la atmósfera que se creaba cada vez. Era como conseguir un premio gordo de serenidad.

Los personajes de la guía telefónica eran adecuados y llevaban una vida muy tranquila, a base de hacer cosas sencillas, como dar un paseo en bicicleta o leer el periódico matinal. Ninguno de los participantes pretendía que les sucedieran cosas raras, sino que preferían mejorar su vida atribuyéndoles pequeñas manías y costumbres cotidianas con la intención de recrear una realidad paralela en la que se vive sin sobresaltos.

Delphine le había retirado el saludo a Clémentine, después de lo ocurrido en la escalera, y los intentos de esta para excursarse no habían valido de nada. La respuesta era siempre una cortina de pelo cada vez más oscuro y denso. Todos consolaban a Clémentine y le explicaban lo duros que pueden ser los dieciséis años y medio de una chica que vive en una comunidad de vecinos en el centro de París.

Christophe la había invitado a salir varias veces, pero ella cada vez, mintiéndose a sí misma y también a él, lo había rechazado con un pésimo pretexto.

En París se veían los primeros escaparates adornados para Navidad, así como los anuncios publicitarios de un nuevo libro titulado *Fábula en París*, de un escritor emergente.

Empecé a ver por las calles la publicidad de mi libro.

Había conseguido que mi cara no apareciera en los carteles porque no veía la necesidad de ello y porque quería defender mi intimidad. Creo que un autor, al escribir, está ya dando a conocer su cara. Aunque la historia sea completamente inventada, todo lo demás es completamente parte de su vida, de su alma y de sus pensamientos.

«Mira que será cuestión de poco tiempo; si el libro va como esperamos, ¡tu rostro será conocido muy pronto! Y además, están las presentaciones, ¿o es que piensas ir enmascarado?», me decía Constance, de la oficina de prensa, divirtiéndose al provocarme. A ella le había gustado muchísimo el libro y lo promocionaba con una pasión que me enternecía y me halagaba al

mismo tiempo. Creo que le habría gustado también que la hubiera llevado a cenar una noche, pero mi gratitud no llegaba a tanto. Era una chica deliciosa y no se merecía que le hiciera perder el tiempo. Mientras yo pensaba en todo esto, ella me miraba divertida.

—Pero ¿la mujer de la fábula existe?

—... humm... Digamos que sí.

—¿Estáis juntos? —preguntó, repentinamente enfurruñada.

—No... ¡Todavía no! —me sorprendí diciendo.

—No sé qué daría por vivir una historia de amor así... —suspiró ella.

—¿Tienes novio, Constance?

—Sí, pero nuestra historia se está acabando... porque no es una buena persona —dijo con la intención de dejarlo ahí.

—Lo siento de verdad, pero cada vida tiene su tiempo y hay un tiempo para cada cosa como sugiere un libro famosísimo...

21

Florien era un bibliotecario convencido. Después de haber obtenido dos licenciaturas, se había quedado en su sitio tras el mostrador de préstamos, siempre a punto para aconsejar un buen libro. Ese trabajo le permitía estar en contacto con la gente que le gustaba, leer un montón de libros y disfrutar de un horario cómodo. Por eso tenía una vida llena de amigos y diversiones, como ir al cine tres veces a la semana.

Todos lo conocían y lo querían por su elocuencia y por el impecable gusto en el vestir. Un dandi en la sección de novelas era algo verdaderamente acertado. Con un encanto fuera de lo común, comentaba los libros haciendo una crítica muy subjetiva de ellos, pero casi siempre compartida por los lectores. Por ese motivo estaba muy solicitado, y otras bibliotecas municipales se habían peleado por él inútilmente, ya que al gozar de esa profesionalidad casi extraordinaria, su director le preguntaba cada semestre dónde preferiría trabajar, y él no conseguía marcharse de la pequeña biblioteca de la Rue Le Bien.

Requería su consejo cualquier tipo de lector, y él mostraba siempre una paciencia y una calidez sinceras.

Clémentine lo conoció en la biblioteca del colegio, donde era ya voluntario, y lo apreció de inmediato. Al principio hablaron siempre de libros y luego de todo. Ella no había conocido nunca a una persona más serena que él, que había comprendido grandes cosas y entendía el amor como un estilo de vida. Era un chico de otro tiempo, encaprichado con la ropa de buena hechura y los zapatos italianos.

Florien se encargaba también de la compra de novedades, y cuando recibió *Fábula en París*, no dudó en leerlo la misma tarde en que llegó.

Impactado por el amor que se percibía en el libro, no consiguió leerlo sin que lo asaltara un extraño presentimiento. Mientras leía, tenía la sensación de recordar algo, pero no acertaba a detectar qué era, aun resultándole familiar.

Lo cerró y lo dejó sobre el mostrador. Había sido una tarde tranquila, porque la gente se dedicaba a los regalos de Navidad. Lo había leído de un tirón, con un chocolate caliente al lado. Afuera lloviznaba y hacía ese tiempo perfecto para leer. La atmósfera era la apropiada, pero si el libro no hubiera sido bueno, no habrían servido de nada las buenas condiciones de lectura.

Él sabía que, apenas acababa un libro, necesitaba reflexionar un poco sobre él. No conseguía separarse de forma brusca de los personajes que ya había interiorizado. Así que se relajó en la silla y se puso a mirar fijamente por la ventana. La ciudad estaba oscura, las luces de los coches eran puntitos que se movían veloces y rápidos. La lluvia caía fina y ligera. Observaba a las personas cobijadas en sus abrigos, que llevaban paraguas de colores, y entretanto volvía a pensar en el libro y seguía teniendo esa sensación que había experimentado mientras lo leía. Se le escapaba alguna cosa y no sabía qué era. La novela estaba ambientada en París, que él, como historiador, conocía perfectamente, por lo cual había apreciado mucho los encuentros de los dos enamorados en los lugares más recónditos y desconocidos de la ciudad. Era una bellísima y profunda historia de amor, pero había algo que no paraba de martirizarlo, algo agradable y huidizo al mismo tiempo. Entonces hizo caso del primer pensamiento que se le pasó veloz por la cabeza: «He de regalar este libro a Clémentine».

Cerró la biblioteca a las siete de la tarde, salió aprisa y se fue a una librería del centro.

Encontró la novela en grandes pilas, cogió al vuelo un ejemplar, pagó y salió. Tres cuartos de hora después estaba bajo la casa de su amiga sin saber si ella se encontraba allí. No estaba, pero no le importó.

Abrió el libro y escribió en la primera página:

¡No sé por qué, pero sentía
que te lo tenía que regalar!
Un beso
Flo

Puso el libro frente a la puerta del apartamento de su amiga, y se fue a coger el metro.

El libro estuvo, como se había previsto, entre el 18 y el 21 de noviembre en todas las librerías del país. La fecha estratégica de salida, el precio reducido, el formato pequeño, la portada atractiva, el papel agradable al tacto lo convertían en un óptimo regalo de Navidad, sobre todo si se encontraba apilado en los mostradores junto a la caja.

La operación comercial estaba funcionando, y yo esperé que mi texto fuera capaz de satisfacer a los lectores y demostrar que no se trataba solamente de un simpático libro de Navidad, sino de una obra que se acercaba un poco a la literatura.

22

Cuando Clémentine volvió del cine al que había ido con Michelle, se encontró el pequeño libro esperándola en lo alto de la escalera frente a su apartamento.

Apenas lo vio, comprendió: solo una persona podía darle pequeñas sorpresas de este tipo.

Lo recogió y leyó la dedicatoria. Necesitó justo el tiempo de desnudarse, ponerse el cálido pijama y prepararse una infusión de frutos del bosque para acomodarse en el gran sillón de su estudio, con el libro en la mano y París, con sus luces, tras la ventana.

Leyó el libro de un tirón y se quedó dormida en el sillón apenas lo acabó.

Se despertó en el corazón de la noche y consultó la hora: eran casi las cinco. Notaba una extraña sensación en la cabeza; había soñado con el libro que había leído, un sueño que parecía realidad. ¿Él era verdaderamente extraordinario, y ella era ella? Aturdida de sueño y de ensoñación, se metió bajo el edredón de la cama y dejó de darle vueltas al tema.

Se despertó tarde por la mañana; era el primer sábado de diciembre y el cielo tenía un color blanco lechoso.

Abrió la ventana y entró un viento que cortaba la piel. Se quedó quieta unos instantes, París estaba despierta desde hacía mucho. Cerró despacio la vieja ventana, y al darse la vuelta, vio el libro abandonado a los pies de la cama.

Lo cogió para mirarlo bien, la foto de la portada era preciosa. La observó unos minutos y trató de caminar dentro de ella. Lo hacía a menudo con las fotos y las ilustraciones de los libros: intentaba meterse dentro.

Volvió a pensar en el libro, pero debido al sueño que había tenido, se habían mezclado las historias. Era un bonito relato, aunque no recordaba ya cuál era la parte que había leído y cuál la que había soñado. En cualquier caso, la sensación era muy dulce, o sea que era un buen libro.

Llamó enseguida a Florien para darle las gracias, y estuvieron una hora al teléfono para ponerse al día de todo.

Quedaron para verse y darse los regalos de Navidad dos semanas después.

—¡Ah! ¿Oye, no has notado nada extraño en el libro que te he regalado?

—No sé... Me ocurrió una cosa cómica en realidad: me quedé dormida justo al acabar de leerlo porque era muy tarde, y he soñado con él.

—¿Qué has soñado?

—Que era yo la protagonista de la novela, ¡fíjate qué cosas! Y mi inconsciente eligió que él fuera un tipo muy atractivo, imagínate, uno que vi hace tiempo en el metro. Iba en dirección contraria a la mía y estuvimos parados bastante tiempo por una avería... Me fijé en él porque era guapo, ¿sabes?, de esos con gafas y pelo un poco largo y rubio, con aspecto de escritor... y, de hecho, estaba escribiendo y no levantó la mirada ni una vez hacia mí. Qué bromas te gasta la mente: ¡me muestra un desconocido en el que no había vuelto a pensar!

—¡Es todo muy extraño! De cualquier modo, los sueños son premonitorios, lo sabes, ¿no?

—Bueno, ¡¡en ese caso estaré atenta por si vuelvo a verlo en el metro!!

A los quince días de su publicación, el libro había superado las mejores expectativas de venta, yo había firmado ya seis contratos para las traducciones y Constance me había llenado la agenda de citas: fiestas navideñas en las que resultaba chic que estuviera un escritorcito como yo, presentaciones e intervenciones en radio y televisión.

Traté de filtrar compromisos, pero no pude eliminarlos todos.

A causa de ese torbellino en que se había convertido mi vida, ya no me encontraba con ella por las calles de París.

23

A primeros de diciembre, Clémentine se vio comprometida a montar tres árboles de Navidad.

El primero lo hizo junto con Hector y Rémy en el portal del edificio para alegrar a los vecinos, como decía el niño.

El segundo, con Rémy y la abuela en casa de la familia, utilizando viejos adornos que no se habían roto durante la guerra.

Y el tercero, en su casa, en el estudio. Lo había creado con la ayuda de sus niños. Habían fotocopiado a color las ilustraciones de sus libros favoritos y las habían encolado en discos de contrachapado. En una parte pusieron los personajes, y en la otra, un fragmento del cuento. Había también pequeñas luces blancas que, en la oscuridad de la habitación, iluminaban los títulos y parecía que estaban en una casa hecha de libros. Los pequeños y ella se sentaban sobre cojines debajo del árbol y leían durante horas historias de pequeños conejos intrépidos, de piratas despiadados o de niños que tenían mucho miedo por la noche.

Olivier se había serenado mucho, había encontrado un montón de amigos de papel que habían perdido a su padre y se había dado cuenta de que sentían lo mismo que él. Un pedacito del padre se había ido, pero vivía bajo otras formas y en los recuerdos que no nos hacen daño, sino en los que nos ayudan a sentirnos a gusto. La madre de Olivier estaba rejuvenecida, pues había dejado de ponerse aquellos rígidos trajes de chaqueta y se vestía más cómoda. Cuando dejaba a su hijo, tenía siempre mucha prisa, y cuando volvía a recogerlo, se la veía feliz y relajada y se quedaba charlando bastante tiempo.

Con Yuri había estado cocinando muchos días, y de los libros de cocina pasaron a los cuentos. El niño había entrado en ellos como quien se tira desde un escollo. No había oído tantas historias en su vida y le parecía imposible que alguien las escribiera también para él. Los padres estaban muy contentos por la atención que conseguía poner al escuchar, y porque la inquietud parecía haberle disminuido sensiblemente. Por la noche, también ellos le leían libros, y Yuri cogía el sueño acunado por palabras que lo reconfortaban.

Caroline todavía no había adelgazado, pero tampoco había engordado, y eso era un gran avance. La madre compraba todo lo que podía. Tenía el mismo síndrome compulsivo de la hija, aunque el objeto de consumo no era la comida, sino las cosas inútiles.

Con la niña, Clémentine vivía momentos de gran comunión, porque la pequeña tenía una sensibilidad extraordinaria y una profundidad enorme. Pasaban mucho tiempo analizando una historia después de haberla leído, como si Caroline tuviera que masticarla mucho después de habérsela introducido en la boca. No se conformaba con que la lectura fuera un episodio estático en el tiempo y en el espacio, sino que ella quería hacerlo suyo, entender todos los aspectos del contenido e intentar pensar en lo mismo que había pensado el autor al escribirlo.

Clémentine se sentía más feliz por haber conocido a aquellos niños que por los resultados obtenidos. Sabía cuál había sido el punto de partida con ellos, pero no tenía ni idea de a dónde llegaría. Esta era la mejor incógnita, el impulso para emprender el camino, la variable belleza de la que no es posible hacer previsiones.

Durante la presentación en la librería más grande de la ciudad, me sentí francamente emocionado.

Constance había pensado en todo para que estuviera tranquilo, pero mi corazón no sabía dónde ir para calmarse, y se debatía como un loco bombeando sangre a la cara que había adquirido un color rojo encendido.

Llevaba un jersey de cuello alto azul oscuro, vaqueros y zapatos Clark de color beis, pero no me daba cuenta en absoluto de dónde estaba.

Había montañas de adolescentes que gritaban como pequeños patos buscando a su madre. Y había también mujeres y hombres de todas las edades.

Mi espíritu tenía todavía que explicarle a mi razón cómo había acabado allí, persiguiéndola a ella como un sueño.

Patrice Leconte, periodista y crítico literario entre los más temidos, me entrevistaba.

Entró en la sala una chica y miró alrededor. Era guapísima, pero no sabía que lo era. Estaba como perdida, quizá porque no lograba ver muy bien con toda aquella gente…

«Buenas tardes a todos, estamos aquí para charlar con el autor de Fábula en París, *libro que ha fascinado ya a miles de lectores de todas las edades. Un himno al amor, como podríamos definirlo. Hay ya quien dice que conmueve como* El Principito; *en cualquier caso, ahora*

conoceremos mejor al hombre que imaginó todo esto, y la primera pregunta, la más obvia, quizá, es: "¿Cómo nació esta fábula?"»

«Ejem... Buenas tardes a todos, gracias por haber venido, de verdad... estoy algo nervioso... mejor decirlo, así explico los temblores... Bien... la fábula nace de una fuerte emoción que sentí...»

«¿Qué tipo de emoción?»

«Pues, digamos que ¡un flechazo!»

El público estaba embobado y los grititos del principio se habían transformado en suspiros.

«Nuestro escritor, obviamente, no quiere desnudarse, pero nosotros nos permitiremos profundizar un poco antes de pasar a formularle preguntas sobre el estilo. ¿O sea que podemos decir que esta mujer existe en su vida?»

«Sí... bueno... sí, ¡sí existe!»

«¿Puedo preguntarle algo más?»

«Preferiría que no...»

«Muy bien, entonces...»

Mientras Leconte hablaba, la vi entre la multitud, al fondo de la sala, tratando de ver... Era ella sin duda. ¿Había venido a mi presentación o estaba allí por casualidad, mirando libros en la librería? No lo sabía; veía solo que la multitud la aplastaba, pero estaba demasiado lejos para captar su expresión.

Al no poder alcanzarla, decidí intentar mirarla intensamente. Alguien de entre el público se percató y se giró para ver qué admiraba yo.

No duró mucho tiempo, pero también ella me regaló su mirada intensa, bellísima y solo para mí.

Leconte esperaba una respuesta de mi parte sobre el estilo y los plazos de entrega, y a duras penas conseguí articular las palabras porque no apartaba la mirada de ella, implorándole que se quedara hasta el final.

Ella se ahogaba entre el gentío que la estrechaba, pequeña flor entre hierbajos; veía su cara que iba y venía.

(...)

«Volvemos a dar las gracias a nuestro escritor y ahora pueden ustedes acercarse para que les firme autógrafos. ¡Gracias y buenas tardes!»

No me imaginaba lo que venía después. Me veía corriendo y deteniéndola por detrás.

Me levanté inmediatamente, pero no había conseguido dar un paso cuando ya tenía encima a todas aquellas chicas eufóricas con sus libros para que se los firmara.

«Un segundo, un segundo, os los firmo todos, pero antes querría...»

La veía cómo se marchaba; llevaba una bufanda roja y boina. Yo intentaba avanzar, pero era como estar en un fango denso y pastoso que me succionaba.

Cuando acabé de firmar, había pasado casi una hora y la sala estaba desierta. Fui al lugar donde había estado ella, pero no encontré nada, o casi nada: tan solo un pequeño botón celeste.

24

Aquella tarde Clémentine tenía hora con Yuri, pero la madre llamó por teléfono para decir que el niño no se encontraba bien, que tenía un poco de fiebre.

Decidió entonces ir a dar una vuelta por el centro, que estaba lleno de luces.

Se puso rápidamente una falda negra con costuras de color azul celeste, un jersey fino del mismo color de las costuras, unas botas, el abrigo, la boina y la bufanda.

—¡Hola, Clémentine!

—¡Ah, hola, Christophe! ¿Te marchas? —dijo ella al ver el bolsón que llevaba colgado del hombro.

—Sí, estaré fuera cinco días y luego vuelvo.

—¿A dónde vas?

—A Japón, para... Me gustaría contártelo con más calma, pero tengo afuera un taxi esperando y voy retrasadísimo.

—¡Corre, Christophe, y buen viaje! ¡Nos veremos a tu regreso!

—¡Claro! ¡Adiós!

Salió también ella y enseguida se anudó la bufanda.

Le entusiasmaban las luces de Navidad y pasear contemplándolas.

Hacía un frío de los que duelen, pero que te permitía sentir que existías. Uno vive en este planeta y, externamente, es una parte minúscula, pero, en su interior, es infinitamente superior. ¿Qué amplitud tiene el alma? ¿Cuánto puede albergar? ¿Hasta dónde puede expandirse? Probablemente, tiene posibilidades infinitas en todo.

Clémentine era capaz, en el transcurso de pocos minutos, de tener tanto pensamientos muy elevados como muy sencillos. Lo bueno era que de unos se generaban los otros y viceversa, lo que demostraba que la vida es algo sencillo que da lugar a formas divinamente complejas y maravillosas.

Comprender el agua y su ciclo resulta simple, pero el agua, en su esencia y constitución es algo extraordinario, casi sobrenatural. La joven, sin saberlo, era un compendio de vida real y vida espiritual en todo momento.

Entró en una librería y allí se perdió, quedándose mucho tiempo en la sección infantil para ver las novedades. Había metido ya cuatro libros en su cesta y entonces pasó a la sección de adultos. Estaba allí desde hacía casi una hora cuando oyó un gran jaleo a sus espaldas.

Había un montón de personas que habían entrado de repente en la tienda y la habían ocupado como agua que llena un recipiente. Como una ola, iban todos hacia la sala donde se hacían las presentaciones.

Movida por la curiosidad, decidió echar un vistazo: había muchísima gente, los asientos estaban todos ocupados y de pie tampoco se cabía.

Se percató de que el autor era el de *Fábula en París*; seguramente, le hubiera interesado mucho lo que estaba diciendo, pero no era posible oír ni ver nada. Se había olvidado las gafas de lejos, de modo que, incluso cuando consiguió ver la cara del escritor entre las cabezas de la gente, lo miró intensamente para enfocarlo, pero no lo logró.

Hacia el final de la presentación optó por marcharse, un poco frustrada.

Quién sabe si volveré a verla…

Esta manía de leer a las mujeres antes de conocerlas me persigue de toda la vida, y al final quizá me enamoro solo de la idea que me formo de ellas… ¡Vivo por esa idea, persigo ese amor que no existe y hasta escribo un libro sobre él!

Siento que, además, he tomado el pelo a miles de lectores: ¡yo del amor sé poco o nada!

25

Se acercaba Navidad, y dentro de poco volverían también Blanche y Neri.

Al bajar la escalera deprisa, Clémentine se encontró con Rémy.

—Rémy, cielo, ¿qué haces aquí?

—¡Nara!

—¿Estás bien?

—Hummm...

—Rémy, tengo una cita dentro de media hora en la otra punta de París, y no dispongo de mucho tiempo; si quieres hablar, te escucho, si no, cuando vuelva te llamo.

—¡Claro, vosotros los mayores siempre tenéis prisa!

¡Tocada! Los niños saben que esta es la tecla débil, la acusación que va directamente al centro de la conciencia.

Clémentine se habría entretenido si hubiera sido por ella, pero en verdad no podía faltar a la cita con Michelle en el hospital; debía estar allí.

—Rémy, escucha, eres mayor y sé que puedes comprenderme. Hola, ¿hay alguien ahí? ¿Está Rémy al habla?

Se le escapó una sonrisa, y el niño prestó atención.

—¡Te oigo, jefe, cambio!

—Bien, soldado, yo ahora he de cumplir una misión, pero en cuanto vuelva, tocaré la trompeta para convocarte a una reunión porque tengo que hablarte de una nueva estrategia. ¿Ok? ¡Cambio!

—Recibido, jefe, pero ¿puedo dormir contigo hoy? ¡Cambio!

—¡De acuerdo! Permiso concedido. Informa a tus superiores inmediatos y a mi vuelta hablamos. ¡Cambio y corto!

El juego podía durar eternamente para Rémy, pero ella miró el reloj y se mordió el labio mientras salía volando del portal. Michelle tenía que recoger el resultado de un análisis histológico y la quería a su lado, como cuando eran compañeras de pupitre.

Los niños deben comprender, y pueden comprender, cuándo las cosas son importantes.

París exhalaba aroma de castañas, y Clémentine pasó todo el trayecto del metro formulando pensamientos positivos para su amiga y, de paso, para el pequeño Martin y Léo.

Estaba absorta y quizá un poco melancólica, sin duda en uno de esos momentos en que se apartaba de la realidad, como decía Rémy.

Le pareció ver al chico del sueño, es decir del metro, en definitiva al hombre que estaba escribiendo aquel día que se habían quedado parados tanto tiempo. Estaba sentado en la estación de Louvre en la parte opuesta a la suya; leía un libro y a la llegada del metro de ella, alzó la cabeza. Se quedaron mirando fijamente mucho tiempo, pero Clémentine veía y no veía, perdida en sus pensamientos sobre Michelle. Le pareció, de repente, que él le hacía señales cómicas; se lo estaba preguntando cuando el metro arrancó.

Υ

¡Hoy la he visto!

Pero estaba triste tras un cristal.

Miraba al vacío frente a sí, y yo habría querido abrazarla; sin embargo, lo único que se me ha ocurrido ha sido poner caras de payaso para hacerle sonreír, pero no ha pasado nada.

Cuando el metro ha arrancado, me ha parecido que se había percatado de algo, pero ya ni siquiera sé lo que estoy persiguiendo, quizá sea solo el sueño de un amor.

26

El metro arrancó, igual que el corazón de Michelle cuando su amiga gritó de alegría mientras leía: RESULTADO DE EXAMEN HISTOLÓGICO... ¡¡¡¡¡NEGATIVO!!!!! Después de haberse concedido una infusión de cítricos de Sicilia y un *croissant* caliente en el Café Des Fleurs cerca del hospital, ambas se despidieron aún más seguras de la bendita unión que las ligaba.

Clémentine se fue al estudio, tenía dos primeras sesiones. Desde el comienzo de su experimentación con la *libroterapia,* también el profesor con el que trabajaba había cambiado mucho de actitud respecto a ella. No es que antes no la estimara, si no, no le habría propuesto que colaborara con él, pero ahora apreciaba su tenacidad y su ternura, dotes que no creía que pudieran coexistir en el alma humana. En cierto modo Clémentine era digna de estudio, porque tenía siempre el sol en los ojos, una capacidad de empatía desmedida y en todo momento la frase adecuada en los labios. Los pacientes se sentían mucho mejor con ella que con él: se daba cuenta de ello perfectamente. Se trataría del clásico caso del alumno que supera al maestro, hecho que confirmaba que había acertado.

La jornada fue larga, y cuando ya entrada la tarde, se

acordó de que había prometido a Rémy una velada juntos, no se puede decir que se sintiera muy feliz, a causa del cansancio, obviamente.

Pero no faltaría nunca a su palabra, y, al encontrarlo sentado en la escalera con una maletita verde en la mano, se avergonzó de lo que había pensado. Se sentó a su lado; después de tantas horas de pie estaba exhausta, y él se dio cuenta.

—No quieres que vaya contigo, ¿verdad?

No puedes engañar a un niño, nunca. Leen una mirada mucho mejor que los adultos porque aún no dependen tanto de las palabras.

—¡Claro que quiero, Rémy! Lo que ocurre es que me hubiera gustado estar menos cansada para poder ser más... —buscaba palabras para poder explicarse sin ofender, pero no las encontraba.

—¡Más... simpática!

—Eso es, ¡quizá sí!

—Pero tú ya eres simpática conmigo, si no, no te habría elegido como mi amiga mayor favorita. Tú no debes disimular nunca conmigo; si estás cansada, yo lo veo rápido porque caminas arrastrando los pies y haces un ruido diferente.

—¡Oh, Rémy, ven aquí!

Pensó que si un hombre le dijera esas mismas cosas, se casaría con él al instante.

—Dime, ¿qué te apetece hacer? Yo estoy agotada, y si no hubieras estado tú, me habría ido a la cama a ver una buena película.

—¿Tú no tienes una cama enorme? ¡Yo también puedo estar ahí, a tu lado!

—¡Pues claro, y aún sobra sitio!

—Entonces podemos llamar a Christophe para que venga con nosotros a la cama.

—¡No, Rémy! Habíamos dicho que estaríamos los dos… y además, se ha marchado.

—¡Perfecto! ¡Vamos, rápido, yo ya estoy listo, mira!

—¿Te apetece cenar pasta?

—¿La de Italia?

—¡Claro, una auténtica pasta, como la hacen mi papá y mi abuela italiana!

Comieron casi en silencio unos espaguetis deliciosos, y luego se tumbaron sobre el edredón a ver una comedia infantil de los años cincuenta. Todo ello siempre en silencio. Pero Clémentine y Rémy no se habían elegido por casualidad: eran en verdad dos personas que podían estar juntos sin hacer nada y pasar una velada en silencio sin sorprenderse. Se confirmaba así la gran madurez de ambos, que no rellenaban vacíos con conversaciones inútiles o gestos vanos.

Cuando Clémentine apagó la luz, creyó que el pequeño se había dormido. Mas él dijo en voz baja:

—¿Sabes que yo tenía un agujerito en el corazón cuando era pequeño?

—No, Rémy, no lo sabía…

—Nací con el agujerito, y entonces los doctores me lo cerraron mientras estaba dormido.

—Menos mal, ¿entonces ahora ya está del todo bien?

—Sí, pero no sé si cuando estaba abierto, se escapó algo de mi corazón.

—No, Rémy, no se escapó nada, puedes estar tranquilo.

—¿Y cómo lo sabes?

—Lo sé porque en el corazón de un niño, normalmente, están los papás, los abuelos y luego toda la familia, los maestros, los amigos, la bondad, la curiosidad, la gentileza, la generosidad, el deseo de jugar y de descubrir el mundo, el valor y el miedo y… y me parece que todas esas cosas están dentro de ti.

—Tú eres la única persona que conozco que dice siempre cosas bonitas que te ayudan a dormir bien, ¿lo sabes?

No, no podía casarse con Rémy desde luego, ni siquiera esperándolo mucho tiempo.

—¿Rémy, duermes?

—No.

—¿Sabes?, en mi corazón también hay un agujerito.

—¿De verdad? ¿Y te lo arreglaron?

—Un poco sí, pero no era un agujerito como el tuyo...

—¿No naciste con el agujerito?

—¡No, se me formó después!

—¿Y cómo se formó?

—¡Por un dolor muy, muy grande!

—¿Ese del que me hablaste aquella vez que luego te lo curaste con libros, y por eso ahora has empezado a leer con niños?

—¡Muy bien, Rémy! ¡Qué memoria!

—Yo me acuerdo de todo lo que tú dices. ¿Y quién hizo que tuvieras ese dolor?

—Sucedió cuando se murió mi hermanito.

—¿Qué hermanito?

—Yo tenía un hermano que se llamaba Tobias...

—¿De qué edad?

—Tenía ocho años y se puso malo con una enfermedad muy fea.

—¿Y por qué no lo curaban?

—Lo intentaron, pero no lo consiguieron...

—¿Y tú, cuántos años tenías?

—Diez.

—¿Y te pusiste muy triste?

—Muchísimo. Tobias y yo jugábamos siempre juntos y después yo lo echaba mucho de menos y no conseguía entender por qué ya no estaba.

—Quizá porque tenía que ir a hacer algo en otro sitio.

—¡Exacto, Rémy! Después de mucho tiempo, eso es exactamente lo que creí, que solo se había ido a otra habitación, que se había ido a otro lugar y nos quería y nos miraba y nos esperaba allí.

—Pero tú sigues pensando en él, ¿verdad?

—Sí, pero ahora estoy convencida de que está viviendo una vida maravillosa y que me lo contará todo algún día.

—¡Buenas noches, Clémentine!

—¡Buenas noches, Rémy!

—¿Puedo darle también las buenas noches a Tobias, porque seguro que me resultará simpático?

El cielo se estremeció, como todas las veces que un niño recuerda, como todas esas maravillosas veces que los niños recuerdan lo que había antes del comienzo de su historia, la luz en la que se hallaban, el porqué del universo, el cómo de cada cosa y la grandeza del amor más sublime.

27

Clémentine pensó que *Fábula en París* no pasaría inadvertida para ningún parisino.

El segundo pensamiento fue que el autor se merecía el éxito porque la historia era muy…

… muy…

… de aquel libro le había quedado solo una sensación irreconocible. Tenía que volver a leerlo con más atención y gozar plenamente de él. Lo hizo esa misma noche, aunque esta vez no se durmió en cuanto lo acabó, sino que se quedó inmóvil en el sillón.

En la mente se le había creado un espacio en blanco en el que no conseguía escribir ningún pensamiento.

Era como si no pudiera pensar porque, entretanto, otra parte de sí misma, mucho más profunda, estuviera temblando. No le había ocurrido nunca.

La historia era bonita, pero había algo en ella que trascendía. Algo con lo que se identificaba, pero no sabía si se trataba de la pura historia de amor que todos querrían vivir, del hombre ideal que a todas las mujeres les gustaría encontrar, de esa casa estupenda en la que los ladrillos son libros… justo como…

¡Como su estudio! De acuerdo, había estanterías, pero

la verdad es que la pared no se veía, sí, debía de ser eso lo que le resultaba familiar: la coincidencia de que la protagonista se hubiera decorado una casa que se parecía tanto a la suya. Por supuesto, Clémentine se la había encontrado hecha, pero en cualquier caso la había cubierto de ladrillos... pero bueno, ¿con quién se estaba justificando?

Quizá se justificaba con un presentimiento cada vez más pujante, pero que quedó anulado e incomprendido.

Con los libros que tienen un éxito discreto, los escritores están en contacto con el editor, con el propietario, con el que pone el dinero, en definitiva.

Después de la presentación, me llamó el anciano editor en persona, ochenta años y una tos increíble de fumador empedernido.

—¡Muchacho! ¿Qué es esa historia de tu flechazo?

—¿En qué sentido?

—¿Por qué no me dijiste que la chica existe de verdad?

—Porque usted no me lo preguntó y yo, fundamentalmente, soy un tipo reservado.

—No te hagas el listo, ¿te apetece que nos veamos esta tarde en el bistró de debajo de la redacción? —Me lo preguntó como si fuera mi abuelo y acepté divertido.

28

Por fortuna, la Navidad llega todos los años, indefectiblemente, se crea o no se crea en su significado.

Jesús es un personaje histórico que dijo una cosa muy sencilla: «Amaos los unos a los otros».

Este consejo puede ser suficiente para cualquier ser humano con sentido común.

No puede asustar a nadie ni se puede refutar.

Clémentine tenía las ideas claras, pero no se molestaba en hacer proselitismo con discursos, sino con su actitud ante la vida. Sabía que era parte de un gran todo, sentía a Dios dentro de sí y creía que a Él se le podía llamar de cualquier manera —energía, Alá, Buda...—, si aquello que se sentía era una sensación de amor ardiente y un impulso para darlo a los demás, puesto que, con respecto a la esencia, no cambiaba nada. Desde pequeña estaba convencida de que cada persona tiene el poder necesario para cambiar el curso de la vida y de la historia.

La vida dio comienzo a partir de la chispa divina y había evolucionado gracias a la perfección de la creación de aquel primer embrión vivo. Los hombres son máquinas perfectas, diseñadas por el Creador más excelso.

Clémentine tuvo una maravillosa confirmación de estas creencias al leer a Darwin. Estaba sentada en el escritorio de su padre, en casa de su abuela, en Italia, y el librito había salido de una estantería. La curiosidad la había empujado, como siempre, a conocer aquello que no conocía. Había leído el libro en un par de horas y releído varias veces el final, incluso en voz alta, para comprenderlo mejor.

Rápidamente, había tratado de hacer la exégesis de esos párrafos y se los había aclarado a sí misma de viva voz, gesticulando con las manos e imaginando que era una profesora: «... por tanto, Darwin, gran hombre de ciencia y raciocinio, dice que es mucho más grandioso pensar que toda la belleza del universo haya nacido de un Uno, belleza que ha evolucionado de forma extraordinaria, en lugar de pensar que el Creador haya formado a cada persona individualmente. ¡Así es! ¡Caramba! ¡En aquel primer gesto creativo ya estaba yo, estaba yo en potencia!»

—¿Hablas sola? —le preguntó su padre, divertido, al entrar en la habitación.

—No, trato de entender si he comprendido bien...

—¿El qué?

—He encontrado este libro tuyo de Darwin.

—¿Y?

—Y me ha gustado mucho, papá, ¿por qué no me lo has leído nunca?

—Porque es mejor que los libros te llamen cuando estás preparada.

—¿Por eso a veces no me ha dicho nada un libro a pesar de que me lo habían aconsejado mucho?

—¡No era tu momento! Yo creo que los libros se armonizan con nuestro estado de ánimo; si son lo que necesitamos en ese momento, vibramos con ellos. Darwin no es una lectura ni fácil, ni muy divertida, pero puede entusiasmar en muchos aspectos.

—¡Es extraordinario!

—Lo sé. Y me alegra que hayas llegado por ti misma a querer conocerlo más.

—Pero papá, es tremendo, ¡no conseguiremos nunca saber, conocer y leer todo aquello que se ha escrito! ¿Cuántas cosas nos perdemos?

—Muchas, pequeña, pero tranquilízate, está bien así. Lo más importante es saber que no se sabe. Solo quien se reconoce pequeño e ignorante sigue descubriendo y conociendo. ¡No me gustaría creer que lo he logrado todo en la vida!

—Pero papá, yo querría saber muchas más cosas, querría... Si...

El padre la veía agitarse y enardecerse, y reconocía en ella su propio temperamento juvenil.

—Clem, cálmate, la vida te dará todo el tiempo que necesites para convertirte en una gran persona, pero no pienses nunca que quien más ha leído o estudiado es superior a los demás. La grandeza del alma es otra cosa.

—Pero, papá, tú siempre has dicho que leer es importante.

—¡Claro! Es uno de los posibles caminos, el que yo más he recorrido, sobre todo en mi juventud, pero no es el único. Conocí una vez a un pescador, en una isla perdida, que había comprendido muchas más cosas que yo de la vida y, en cambio, no había leído nunca un libro. Solamente había pescado y pensado. Como pescaba en solitario, lo único que podía hacer era pensar. Su raciocinio, pues, inmerso en la naturaleza, lo había convertido en un hombre más maduro, más feliz y muy sabio. No juzgues nunca a nadie, Clem, porque en lo más profundo de cada uno hay siempre algo interesante que tú no conoces. ¿Sabes cuál es la conquista más importante que yo he hecho en mi vida?

—No, papá.

—Me he dado cuenta de que una de las cosas que me llena de satisfacción es cambiar de idea, darle la vuelta completamente a una opinión mía y conseguir que evolucione hacia otra diferente. Creo que el problema del mundo consiste en que la gente no quiere cambiar de ideas; se quedan anclados a una opinión y la defienden por principio. Hay pocos valores importantes que no pueden cambiar, pero la verdad es que los restantes son modificables. Si fuéramos capaces de aceptar el cambio de cualquier cosa con alegría, creo que seríamos más felices.

—Papá, después de leer un libro, frecuentemente me ocurre que cambio de opinión sobre un tema.

—¡Es cierto! Y te deseo que la sigas cambiando muchas veces; así seguirás viva y sabrás sorprenderte de cuanto ocurra a tu alrededor.

—¿Entonces no estás enfadado con los libros?

—¡Qué cosas dices, tontina! ¡No obstante, te prevengo para que no te ciegues y pienses que son el único medio de conocimiento! ¿Sabes qué creo?

—Qué...

—Que el libro más bello somos nosotros mismos y que a lo largo de la vida nos esforzamos por gustar a los demás, pero cuando llegamos al final, cuando releemos nuestro libro, nos damos cuenta de que deberíamos haberlo escrito únicamente para nosotros y que si no nos gusta, ya no hay tiempo para reescribirlo, sino solo para leérselo en voz alta a alguien.

Neri enmudeció mientras miraba fijamente el suelo de baldosas hexagonales y desgastadas. Clémentine abrazó a aquel hombre fuerte y pequeño a la vez, el hombre que había estado siempre a su lado y se había levantado de todas las caídas, izando con él a cuantos lo rodeaban. Cuando murió Tobias, el sol volvió a resplandecer en su casa gracias a Neri. Él lloraba por la noche y le pedía a la luna que lo escuchara; padre perdido y errante de noche, pastor seguro de día.

Una madre, por el contrario, se hunde totalmente. Él sabía que no podía hacerlo. Y nunca lo hizo. Reconstruyó la familia poco a poco y amó a su mujer adulta y a su mujer niña, de manera que no faltara amor en la vida de ambas. No representaba una comedia forzada, sino que era una constante y firme compañía, no hacía el payaso para hacerlas reír, sino que se mostraba tierno para que sonrieran. No se mostraba invencible, sino maravillosamente humano y enamorado de ellas. Aunque no salían de casa, hacían un montón de cosas para ocupar el tiempo y evitar pensar, pero estaban unidos para darse calor. Neri no suplía los silencios en la mesa, sino que valoraba su significado. No se puede explicar cómo cosió el desgarro que provocó la muerte de Tobias, pero lo hizo como solo él habría podido hacerlo, cosa que Tobias ya sabía.

—Papá, ¿sabes que yo ya no estaré?

—…

—¡No llores, papá, has de reír conmigo! Tú me enseñaste a montar en bici, y yo te miraré desde donde esté. ¿Crees que será un sitio bonito?

A un niño que ha comprendido que va a morir no se le pueden decir mentiras, ni se puede negar la evidencia, sobre todo si él la ha aceptado ya.

Sentado junto a la cama de su hijo en el mayor hospital de la ciudad, a Neri no le salían las palabras.

—¡¿Papá?! ¿Crees que será un bonito lugar?

—Creo que será el sitio más bonito que existe... —consiguió decir Neri, tragándose lágrimas de rabia.

—A la fuerza, papá, si no, mejor me quedaba aquí, ¿no? A la fuerza tiene que ser muy bonito, ¡si no, no tiene sentido! ¡Je! ¡Je!

No tiene sentido. No tiene sentido. No tiene sentido. No tiene sentido. No tiene sentido. No tiene sentido. No tiene sentido. No tiene sentido. No tiene sentido. No tiene sentido. No tiene sentido. No tiene sentido. No tiene sentido.

Sin embargo, sí hay un sentido, debe haberlo, pero no se conoce, ni se ve. Pero no es que no exista por ese motivo.

Las cosas más importantes de nuestra vida no se ven, pero existen. El amor por un hijo existe, pero nadie lo ve, ni lo oye ni lo toca.

Hay un sentido. Y es el sentido lo que da sentido a la vida.

Es su misteriosa esencia la que se nos escapa a todos y se descubre cuando llega la muerte.

Por eso, para vivir en plenitud, hay que amar a la muerte. Y vive en plenitud aquel que mantiene una buena relación con el final de su vida.

Tobias mantenía en aquel momento una bellísima relación con su muerte; Neri, con la suya, quizá sí, pero con la de su hijo, no. Era mero egoísmo extremo y dolor.

—Papá, cuando me haya ido y Clémentine llore, debes decirle que simplemente me he escondido, así ella me buscará y seguiremos jugando a nuestro juego favorito; yo le dejo pistas, ¡y ya verás cómo me encuentra! Díselo también a mamá y juega tú también con ellas y, al final, os daré una gran sorpresa cuando me encontréis, ¿vale?

Y ocurrió exactamente como predijo Tobias. Después de los primeros y durísimos meses en los que todo resulta inútil y oscuro, en los que la nada es el sentido de cada día, dio comienzo un gran juego del escondite que todavía duraba.

Neri, Blanche y Clémentine descubrieron grandes pistas del pequeño: guiñaba el ojo en una flor, hacía eco en una canción o cucú en un atardecer, saludaba en la sonrisa de una persona por la calle, o cuando un perro movía la cola.

La sensibilidad de los tres ante la belleza de la vida se acrecentó hasta tal punto que fue fascinante recordar a Tobias y buscarlo en la cotidianeidad, allí donde nunca antes se habría podido pensar que anidara la belleza de un amor. Ante el más leve pensamiento de amor hacia él, aparecían señales.

Ninguno de ellos deseaba acabar rápido el juego para volver a abrazarlo, pero estaban seguros de que si hubieran llegado juntos al final, habría sido todo más dulce.

29

Esa misma tarde me encontré contándole a mi editor mi amor por una desconocida, sin ninguna vergüenza, es más, con una naturalidad que me ensanchó el corazón.

—Querido muchacho, esta es la cosa más maravillosa que alguien podía explicarme hoy, y quizá en toda mi vida. ¿A qué estás esperando?

—¿Qué quiere decir?

—¿Piensas seguir aquí sentado o vas a ponerte a buscarla?

Tenía cincuenta años más que yo, pero era yo el que me sentía viejo. Los ojos le brillaban como bolitas de plomo. Estaba emocionado, temblaba y se le saltaron las lágrimas que le anegaban los ojos. Eché profundamente de menos a mi abuelo.

—¡Eh, chico, estoy hablando contigo! Aquí hay una emoción que defender, una intuición que has de seguir: si el corazón te dio un vuelco cuando la viste, habrá un motivo, habrá que llegar hasta el final.

—Así que usted cree...

—Yo creo en las historias y, con mayor motivo, en la emoción que producen las que se inician.

—¿... y cree en los flechazos?

—¡Como en Dios!

—Pero ¿qué dice?

—¡Qué dices tú, muchacho! Yo lo tuve y no lo seguí. ¡Vivo en la añoranza y pienso en ella todos los días!

—¿Qué ocurrió?

—Ocurrió que no tuve el valor de romper mi noviazgo; me iba a casar, estaba todo programado, pero no conseguí decírselo a mis padres, ¡qué cobarde fui! Los engañé a ellos, a ella y a mí mismo durante años. No me hubiera comprendido nadie en aquellos tiempos, porque no se deja a una novia pocos meses antes de la boda... ¡Gilipolleces! No se casa uno con una mujer si el corazón no late más que un motor Ferrari, ¡por Dios! Y yo lo hice. ¡Cobarde! ¡Qué gallina fui!

No conseguía ver a un gallina frente a mí, sino a uno de los editores más valientes de Francia, a uno que se comprometía contando la verdad mediante los libros, a uno que no evitaba resultar incómodo con tal de despertar conciencias.

—¿Y luego? —Estaba conmocionado por su historia y me hubiera gustado escucharlo durante horas, para dar un sentido a la mía, quizá.

—Después de unos meses de matrimonio, al ver que el amor por mi mujer no aumentaría, no le pedí hijos por corrección, pero ya que era una gran lectora, traté de pensar en nuestro futuro como en la más elevada expresión de los sueños más sublimes de los hombres.

»Quería apoyar a aquellos que tenían ideas o historias que contar para aportar algo a la existencia humana, para aliviar a quienes necesitan respuestas, comunicación, compañía... Tuve el valor de decirle a mi padre que abandonaba la carrera de Derecho para abrir una editorial.

»Él me retiró el saludo, pero yo seguí adelante, hasta que conseguí lo que necesitaba. Disponía de un sótano, una pequeña redacción en la que mi mujer me pidió trabajar también; así empecé la caza de historias, verdaderas o no. Lo que buscaba era el sentimiento, quería defenderlo, gritarlo. Había ocultado el mío, no había defendido mi amor, ¡ahora quería una editorial que fuera un himno a los sentimientos, a las emociones, a las ideas y a las intuiciones! Eso es lo que he hecho: pedí a la vida misma que me condujera a resultados mejores. Al no haber seguido al amor, tenía que perseguir una reparación.

»Fue bonito trabajar junto a mi esposa, y me divertí mucho porque era una mujer muy simpática e inteligente, tenía ese sentido práctico del que yo carezco y pensamientos profundos sobre los libros. Al final fuimos felices, porque los libros llenaron nuestra vida y las historias de otros aligeraron la nuestra. Cuando murió, me dio las gracias; era sincera. Lloré mucho por todo aquello que había y que no había hecho por ella.

Se quedó mirando fijamente el agua del vaso. Esa agua que se adapta al contenedor en el que se ha vertido y renuncia a tener una forma propia. Los hombres podemos decidir tener una forma, pero qué difícil es encontrarla, elegirla y defenderla.

Tenía una pregunta que me quemaba en la garganta y no sabía cuándo hacerla. Él se aclaró la voz y apartó la mirada del vaso:

—¿O sea que un flechazo? —aventuré.

—¡Caramba, chico! El flechazo es una emoción imprevista a la que al menos hay que darle tiempo de seguirla a ver dónde te lleva. Es una intuición de tu corazón que te dice de repente: esa podría ser la mujer de tu vida. ¿Te parece poco?

Era exactamente lo que yo había pensado siempre. El anciano editor tenía razón.

A esas alturas me había expuesto a la nación con mi historia, ¿qué más daba exponerse también con ella para hallarla a toda costa?

—¿Y usted qué ideas tendría para encontrarla?

30

Clémentine quiso organizar una bonita fiesta de Navidad para reunir a las personas que había conocido hacía poco con las de siempre.

Expuso su idea en el té de principios de diciembre, y todos se mostraron entusiasmados.

—He pensado invitaros a vosotros y a las personas más íntimas, porque me gustaría mucho que os conocierais.

—¡Qué bonito! ¡Qué bonito! ¡Gracias, Clémentine! —exclamó Rémy.

—Es una persona de otros tiempos —susurró la abuela.

—¿Y dónde hacemos la fiesta?

—¡En mi casa!

—¡Pero no cabremos!

La practicidad de los niños es aplastante, solo él lo había pensado. Clémentine se puso seria de repente.

—No os preocupéis. La haremos en nuestra casa. —propuso madame Valentine.

—¡Viva! ¡Sí, muy bien, mamá!

—Pero yo no quería...

Valentine se la llevó aparte y le dijo:

—Escucha, Clémentine, desde que has llegado, hay un

aire nuevo en casa. Me hace feliz ampliar nuestro té y conocer a otras maravillosas personas como tú. —La joven se conmovió y abrazó muy fuerte a la señora Dubois.

Rémy cogió un papel y escribieron juntos los nombres de los invitados al té de Navidad:

Rémy (yo)
Clémentine
mamá
la abuela
Hector
Christophe
Papá, que ese día no trabaja
Florien
Michelle
Martin
Léo
los padres de Clémentine que tienen que venir en avión
Delphine, si quiere venir

Cosas que se han de cocinar:
preparar el té y el chocolate por si a alguien no le gusta el té
bizcocho
galletas
tartaletas con paté
y ya pensaremos…

Cosas que se han de hacer en la fiesta:
mamá toca canciones de Navidad
yo puedo cantar las que me sé
tómbola
jugar a las cartas
charlar
en este té no podemos seguir con el juego de los personajes

en busca de autor porque es un juego solo para los del té de los miércoles.

Rémy escribió el folio con la ayuda de Clémentine y lo pegó en la nevera. Decidieron organizarlo todo para el domingo anterior a la vigilia de Navidad.

—Perdón, ¿podría traer a una persona? —preguntó Christophe, algo turbado, mientras miraba en dirección opuesta a la de Clémentine, que se estaba mordiendo con energía el labio. Todos se giraron, y él se puso colorado.

—¿Quién es? ¿Quién es?

—¡Rémy, vale ya! —dijo la madre con dulzura—. Claro, Christophe, puedes traer a quien quieras.

—¡Gracias, haré una quiche de queso buenísima! —rebatió con su habitual naturalidad.

Estaban todos muy contentos, excepto Clémentine, que se mostraba especialmente silenciosa. La abuela fue la única que lo notó, y le dijo en voz baja:

—El amor llega cuando menos te lo esperas, pero hay que tener paciencia, y a veces se espera una vida entera.

La muchacha estaba a punto de echarse a llorar. La viejecita se había dado cuenta de lo que estaba pensando, de la sensación de vacío que la había embargado.

Tragó saliva y se tragó también las lágrimas que no tenían ninguna razón de ser; era joven, había tenido sus historias y admitido valerosamente que ninguna de ellas era la buena, la de toda una vida.

Fue la primera vez en tres meses que salió de la cocina de los Dubois un poco triste. Se topó en el pasillo con Delphine, que hacía el trayecto habitación-baño, baño-habitación.

—¡Hola, Delphine!

—¡Hola! —dijo, y dio un portazo sin añadir nada más.

¿Qué podía hacer para que esa chica la perdonara?

Era una de las pocas personas que había roto con ella.

¿Tan grave era el haber descubierto que confiaba a la escritura sus inquietudes?

Sí, lo era para una Delphine Dubois que tenía miedo de su sombra, que no gestionaba los celos hacia su hermano y que odiaba los granos que le salían en la frente.

El anciano editor me propuso hacer una cosa que podía parecer comercial, pero que estaba dictada por su índole romántica y pasional.

Él y yo éramos los únicos que sabíamos que no se trataba de una estrategia de marketing, *que aquel hombre de ochenta años poseía ya un patrimonio considerable y no tenía herederos y que no le interesaba vender más ejemplares de mi libro, sino echarme una mano, para dársela también a su conciencia.*

Una semana después, París estaba llena de carteles que decían:

La protagonista de Fábula en París
existe de verdad, pero el escritor no la conoce.
Se cree que vive en París.
Para aquellos que ya hayan comprado un ejemplar
del libro, está disponible otro gratis
en el que se han subrayado las partes reales
de la novela, gracias a lo cual la joven podría
ser identificada.
No se aceptarán más que informaciones contrastadas.
Se premiará a las personas
que proporcionen pistas relevantes
en la investigación, adjudicándoles papeles de figurantes en la película que se rodará próximamente.

31

¡RIIIN, RIIIN!

—¿Diga?

—Hola, buenos días, me llamo Thomas Seigner y soy el inquilino que vivía ahí hace nueve meses...

—Dígame... —Clémentine hizo acopio de todas sus facultades mentales, que estaban comprometidas en un complicadísimo informe para su profesor, y se dispuso a escuchar.

—Perdone si la molesto, pero creo que olvidé en el apartamento una cosa muy importante para mí y querría recuperarla.

—¡Por supuesto! Dígame de qué se trata.

Repasó mentalmente todo cuanto encontró cuando la casa estaba vacía. Poco o nada, en realidad. No podía ser la jarra.

—Lo que me dejé...

—¡¡¡Claro, los paraguas!!!

—No... ¡la verdad es que no! Eso también me lo encontré yo al llegar y enseguida me parecieron tan...

—¡... simpáticos! Me alegraron desde el primer día, ¿y a usted? —dijo Clémentine impulsivamente.

—En efecto, a mí también me gustaban mucho; los

dejé porque no tenía ningún derecho a llevarme un trozo de alegría de esa casa. Lo que... ¿oiga? ¡¿Oiga?!

Se había quedado absorta. «Un trozo de alegría.» Aquellas cuatro palabras la habían inmovilizado.

—¡Oiga! ¿Me escucha?

—Sí, sí le oigo, perdone, era que me parecía cómico que... nada, nada, dígame.

—Lo que me dejé, en realidad, me da un poco de vergüenza decirlo...

—No se preocupe en absoluto, y espero de verdad poderlo ayudar.

Lo esperaba de verdad, pero no lo entendía porque no había encontrado nada.

—Lo que olvidé fue un libro.

¿Un libro?

—¿Qué libro? —preguntó en voz demasiado alta, como una campana desentonada.

—Pues un viejo libro de...

¡DING, DONG!

¡DING, DONG!

¡DING, DONG!

¡DING, DONG!

—¡¡¡¡¡Clémentine abre, la abuela se ha caído y estoy solo; no sé qué hacer, Clémentine!!!!!

—¡Ay, Dios mío, perdone un momento! ¡Rémy! ¿¡Qué ha pasado!?

—La abuela se ha caído en la cocina y yo no consigo levantarla ¡¡y no sé qué hacer!!

—¡Voy ahora mismo! ¡Tranquilo! Oiga, perdone, pero tengo que dejarlo, es una emergencia. ¿Podría llamarme luego?

La abuela se puso en pie enseguida sin ninguna fractura, aunque con un buen moratón en la rodilla como una niña que se hubiera caído patinando.

Clémentine regresó a su apartamento, ansiosa por buscar aquel libro y volver a oír aquella voz suave y dulce. Fue inmediatamente a buscarlo. Recorrió la habitación con la mirada, pero no lo veía.

Y no obstante, debía estar.

En los casi cien metros de estanterías que había en aquel estudio uno no podía estar seguro de nada, sobre todo si lo que se buscaba era un libro.

Miró meticulosamente balda por balda y entonces… lo vio.

En lo alto de una estantería que estaba todavía un poco más vacía, yacía tumbado un viejo libro del que se acordó enseguida. Lo había tenido en las manos dos veces, y en ambas la habían interrumpido; luego se había olvidado. Había tratado de adivinar de qué libro se trataba por el lomo, pero no lo había conseguido; le recordaba algo, aunque no daba con qué.

Tuvo una sensación muy extraña. ¿Por qué había abandonado ese libro? Bueno… las prisas, la vida frenética… pero no era usual en ella. En absoluto.

Se acercó lentamente; afuera se estaban encendiendo las farolas y lo mismo hizo ella con la lámpara de su escritorio y las luces del árbol de Navidad. Tendría que haber encendido más luces para ver mejor, pero no lo hizo.

Trasladó la escalera hasta la estantería y se subió. No haría ninguna adivinanza, lo cogería, lo miraría y punto. Estaba casi arriba del todo de la escalera, alargó la mano y lo cogió.

El dorso era de color violeta y no había nada escrito en él.

Mientras le daba la vuelta para mirar la cubierta, se le puso la piel de gallina y ya no entendió nada cuando vio la imagen desvaída de una casita en el bosque.

Se agarró a la estantería para no caerse y se echó a

llorar profusamente. Lloró inmóvil, agarrada a la escalera, mientras París, afuera, no se percataba de nada.

Trató de calmarse para bajar y se echó a llorar de nuevo al sentarse en el sillón con el libro abrazado contra el pecho. Miraba por la ventana, y a través de los cristales, las luces eran llamitas cálidas como las velas en la iglesia.

Sonó el teléfono un par de veces, pero ella no se movió. Probablemente, era el propietario del libro al que ella seguía abrazada.

Le dolían las manos por la fuerza con que estrechaba la cubierta gruesa y dura.

Soltó la presa y se la puso sobre las piernas. En ese momento dejó que los recuerdos formados por vívidas imágenes se le reprodujeran.

—¡¿Abuela, nos lees *Hansel y Gretel*?!

—Pero Tobias, ¿siempre lo mismo?

—¡Sí, abuela, porque esa casa de caramelo es preciosa, me gusta mucho, ya lo sabes!

—De acuerdo, venid aquí pollitos, que la leeremos.

—Este libro es muy viejo, ¿verdad, abuela?

—Bueno, era mío de cuando yo era pequeña; me lo regalaron por un cumpleaños, todavía recuerdo quién.

—¿Quién?

—Un amigo de mis padres que no tenía hijos y que me hacía siempre regalos magníficos. ¿Sabéis?, en aquellos tiempos no había todas las cosas que hay hoy, ni tampoco había muchos libros para niños, por eso lo cuidaba tanto.

—¡Venga, abuela, lee!

—¡Me gusta este cuento porque parece que Clémentine y yo somos esos dos niños!

Clémentine recordó perfectamente todo aquello que había mantenido olvidado.

El único libro que había odiado y quemado en su vida había sido justamente ese.

Respiró hondo y decidió que tenía fuerzas para leerlo y para soportar todo lo que le viniera a la mente. Ligeramente temblorosa, abrió el libro y empezó a leer sobreponiendo la voz a la de su abuela.

Cuando se acercaba al final, se detuvo porque los pensamientos se le agolpaban en la mente.

A ella no le había gustado nunca especialmente ese cuento, pero a Tobias le entusiasmaba y se reía cuando la bruja quería tocar el brazo del niño para ver si había engordado, y él le daba siempre un hueso de pollo para que lo palpara. La bruja, ciega y tonta, no se daba cuenta. Clémentine veía reír a su hermano, y sonreía.

El libro de la abuela era tan viejo que le faltaban algunas páginas, las del final, de manera que era ella misma quien se lo contaba porque se lo sabía de memoria.

—Veréis, niños, aquí había un bonito dibujo de Gretel que tiraba a la bruja al horno y liberaba a su hermanito. Luego lo abrazaba y volvían a casa saltando de alegría.

—¿Abuela, estás segura de que acaba exactamente así?

—¡Segurísima, Clémentine! Palabra de honor, ¿por qué habría de mentirte, pequeña mía?

Después de la muerte de Tobias, Clémentine cogió el libro y lo quemó en la chimenea de la casa de campo. Había acusado a la abuela de inventarse siempre el final, diciéndole que en realidad Hansel se moría, como había muerto Tobias.

La abuela había comprendido a la niña y sufrido en silencio.

El tiempo puso las cosas en su sitio, y Clémentine

adoró a su abuela hasta el fin de sus días y también después de su muerte.

Llegó a las últimas páginas y encontró una imagen preciosa: Gretel metía a la bruja en el horno y abrazaba a su hermano, luego volvían juntos a casa saltando. La frase final decía:

> En el camino de casa, Hansel cogió de la mano a su hermana y le dijo:
>
> —Gracias, hermanita, nosotros estaremos siempre juntos, ocurra lo que ocurra, ¡recuérdalo siempre!

Clémentine rompió a llorar y pidió perdón a su abuela lanzando su súplica al cielo.

Lloró mucho aquella noche, abrazada al libro de color violeta.

Se olvidó de cenar porque había recordado demasiadas cosas.

Hay millones de habitantes en París y confiar en encontrarla no era más que una locura de un joven escritor y de un viejo y pasional editor que creía en las historias de amor.

Las ventas del libro, no obstante, siguieron creciendo, y del mismo modo, los contratos extranjeros. Un famoso productor compró los derechos para rodar una película. Mi cuenta en el banco había aumentado notablemente, de manera que pensé que podía comprarme una casa, aunque siempre había soñado con hacerlo en pareja.

32

La llamada de teléfono que Clémentine había esperado durante días, llegó el fin de semana.

¡RIIIN, RIIIN!

—¿Diga?

—Buenos días. Soy Thomas Seigner, el inquilino…

—Ah, buenos días, ¿cómo está?

—Muy bien, ¿y usted? ¿Se resolvió todo el otro día?

—Sí, gracias. Afortunadamente, no fue nada grave.

—¿Cree que podemos llamarnos de tú? Me parece que debemos tener más o menos la misma edad.

—¡Claro! Yo tengo veintisiete y usted, esto, ¿y tú?

—¡Treinta, así que perfecto! Te llamé después, pero no contestó nadie. Te quería preguntar por ese libro…

Él estaba nervioso porque temía no encontrar ya el libro, ella porque lo había encontrado.

—Creo que lo tengo… —dijo Clémentine.

—¿De verdad?

—¿Es un cuento para niños muy famoso? —preguntó ella con una sonrisa pícara.

—¡Sí!

—¿Está ambientado en el bosque?

—¡Sí! —Thomas se relajó, y participó divertido en el juego.

—¿Hay un personaje malvado?

—Sí…

—¿Acaba todo bien?

—¡Sí!

—Bien, ¡entonces creo sin duda que he encontrado tu ejemplar de *Caperucita Roja*!

—¡¿*Caperucita Roja*?!

—¡Sí! ¡¡¡Bosque-personaje malvado-final feliz!!! —reía ella sin que Thomas la oyera.

—¡No! ¡No! Ese no es mi libro, será de otro inquilino; el mío era el cuento de Hansel y Gretel… —Se le murieron las palabras a la vez que la esperanza.

—¡Ja, ja! ¡Claro que lo he encontrado! ¡Estaba bromeando!

—¿¿??

—… perdona…

—No, perdóname tú, eres muy simpática; soy yo que, en cuanto hablo de ese libro, no consigo relajarme.

—Perdona tú entonces, no tendría que haber hecho una broma así a una persona que no conozco; soy imperdonable.

—¡No, de verdad! ¡¿Qué dices?! No quiero en absoluto que te sientas culpable; es que a veces me encuentro desnudo frente a ciertos acontecimientos de la vida, porque todavía no me he construido una coraza adecuada, después de todos estos años…

—¡No es obligatorio construirse una coraza!

—Yo creo que sí, a pesar de todo. ¿No ves qué papel tan infantil he hecho? No he sabido mantener separados los dos planos, mientras hablaba contigo, ni he conseguido entender la broma porque estoy anclado a la relación que tengo con ese libro y lo que significa.

—¿Y qué significa? —quiso saber Clémentine con

un descaro compensado solamente por la infinita dulzura con la que lo preguntó.

Thomas se quedó callado, y ella pensó que había ido más lejos de lo debido.

—Perdona, no debía…

—No, es que… ¿quieres saberlo de verdad?

—Como quieras, a mí me gusta escucharte…

—Ese libro era de mi abuelo, y él…

¡DING, DONG!

Clémentine había olvidado completamente que tenía una cita con Olivier. Thomas parecía no haber oído el timbre y seguía contándole su historia, que era de esas que te dejan clavada en la silla.

—Thomas, perdona, han llamado al timbre…

—Y cuando… ¿Cómo has dicho?

—Han llamado a la puerta; he de dejarte porque tengo una cita de trabajo…

—Claro, faltaría más…

Hubo un momento de silencio, como ese instante antes de que las campanas empiecen a repicar de repente, en una iglesia de quién sabe dónde.

¿Era ella o era él quien debía pedir al otro si podían hablar de nuevo para acabar de contar y de escuchar, respectivamente, la historia del libro de Thomas?

Dijeron los dos a la vez:

—¿Te parece si charlamos esta noche?

La noche concilia y nos devuelve a nosotros mismos. Ambos lo sabían y no lo habían dicho por decir. Y además, tenían ganas de volver a hablar pronto.

Constance me acompaña a todas partes.

En un mes he ido a más fiestas y eventos que en toda mi vida.

Debo ir a Nueva York en Nochevieja.

«Debo», lo dice Constance, y a ella le gustaría venir conmigo.

Por la noche, cuando volvemos de una fiesta, espera que le pida salir conmigo o me pide que la acompañe. Al menos ella es transparente y correcta, aunque hay chicas que se me tiran encima medio borrachas para pasar una noche conmigo.

Pero ¿qué saben de mí? Absolutamente nada.

¿Por qué se venden?

Cada mujer debería saber esperar la llegada de su felicidad.

33

Thomas no volvió a llamar, pero los padres de Clémentine llegaron el 18 de diciembre.

Fue a recogerlos al aeropuerto con un ramo de rosas que le había preparado Hector.

Intercambiaron las miradas en un instante, veloz y lento al mismo tiempo, que los satisfizo. Los tres se estrecharon en un abrazo, aquel que en la cama se daban los cuatro.

La vida es frágil, el amor, no.

Lo primero era ver el apartamento de la tía Violette.

No fueron suficientes las horas vespertinas para contárselo todo. Neri había reservado una mesa en el pequeño restaurante italiano al que llevó a Blanche en la primera cita.

Clémentine los puso al día de sus actividades y no faltaron los detalles sobre su experimento con la *libroterapia*, como seguía llamándola la mayoría de la gente.

Neri y Blanche observaban a su hija mientras hablaba gesticulando mucho con las manos, como buena italiana, y recomponiéndose de repente, como perfecta francesa. Era feliz. Ellos lo captaban, y para unos padres eso es suficiente. No importa cuál sea el camino, basta con que lleve a la felicidad.

Charlaron hasta el cierre del local. Luego Clémentine volvió a su apartamento y ellos, a su pequeño estudio que seguían manteniendo en el barrio latino.

—Cielo, ¿nos vemos mañana?

—¡Perfecto! Os telefoneo cuando acabe en la consulta, y no os comprometáis con nadie el domingo porque tenemos el té en casa de Rémy.

—¡No faltaremos por nada del mundo!

Clémentine, de nariz respingona, se dirigió al portal. Eran las once pasadas y la luna se asomaba entre los tejados, un gato buscaba su camino y había mucho silencio en los alrededores.

Subió la escalera percatándose de que no cogía nunca el ascensor.

Quizá porque le parecía una jaula para pájaros.

Giró la llave en la cerradura y entró como si no quisiera despertar a nadie. Acababa de cerrar la puerta y colgar el abrigo cuando sonó el teléfono.

Se quedó paralizada de miedo.

¡RIIIN, RIIIN!

Era un sonido demasiado fuerte en medio de aquel silencio en que estaba inmersa.

Se lanzó hacia el aparato, que estaba sobre la mesita de la entrada junto al sillón, y respondió.

—¡¿Diga?!

—¡Hola! Soy Thomas… perdona las horas… pero me ha parecido que no dormías y que no estabas y que ahora estás…

Se rio por la frase propia de un niño, que habría podido decir Rémy.

—¡Hola! Me alegro de oírte, esperaba tu llamada aquella noche… —le confesó ruborizada.

—Perdona, tienes razón, pero es que estoy trabajando mucho en esta época, tengo plazos de entrega y…

—¿A qué te dedicas?

—Te propongo algo: ¿te apetece que no nos contemos nada que no queramos decir en nuestras llamadas de teléfono?

En nuestras llamadas de teléfono…

La frase resonó dentro de ambos. ¿Se estaba hablando de citas? ¿Del comienzo de algo?

Como si no pasara nada, Clémentine ocultó bien sus pensamientos, pero no su alegría:

—¡De acuerdo!

—¡Perfecto! Como te decía, tenía que trabajar muy deprisa y no pude, pero esta noche estoy tranquilo y me apetecía acabar la conversación, o mejor dicho, volver a hablar contigo.

—¡Ídem! ¿Dónde nos habíamos quedado? Me estabas hablando de tu abuelo…

—¡Claro, ya me acuerdo! Mi abuelo nació en el año 1935 y era judío. ¿Conoces lo acontecido en el velódromo de invierno?

—Sí.

—Bueno… pues él era uno de aquellos niños que fueron llevados allí entre el 16 y el 17 de julio de 1942 junto a más de trece mil judíos.

—Si no me equivoco fue una de las detenciones masivas de judíos ocurridas en Francia, ¿no?

—Fue exactamente la mayor de todas. Y de esos más de trece mil judíos, unos cuatro mil cien eran niños. Los deportaron a todos y solo unos pocos consiguieron sobrevivir.

—¿Tu abuelo entre ellos?

—Sí. Y me ha contado la historia tantas veces que no puedo evitar contarla yo también.

—Te escucho… —Se abrazó las rodillas contra el pecho y se quedó así acurrucada en el sillón.

—Los alemanes no querían apresar más que a adultos entre los dieciséis y los cuarenta años. Fue Pierre Laval, primer ministro francés, el que propuso extender la detención a familias enteras. Convenció al Consejo de ministros con un discurso en el que apelaba al *principio humanitario*, según el cual ¡los hijos menores de dieciséis años tenían que ser autorizados para acompañar a sus padres!

—Alucinante…

—… y lo más absurdo es que parece que únicamente se ocuparon de la redada las milicias francesas que habían recibido la orden, mediante una circular de la policía municipal, de llevar a cabo las operaciones con la máxima celeridad, sin palabras inútiles y sin dar explicaciones. La redada empezó a las cuatro de la mañana y acabó de forma tan impecable que hasta los alemanes se quedaron maravillados. Mi abuelo recordaba los gritos por las calles invocando piedad, sobre todo para los niños.

Clémentine ya no hablaba, sino que miraba al vacío. Thomas tragó saliva varias veces y continuó:

—Los concentraron a todos en el velódromo con las ventanas cerradas y un calor insoportable, entre otras cosas porque se había pintado el tejado de negro para ocultarlo a los bombarderos. No había más que un grifo y cinco váteres. Fusilaron al instante a los que intentaron escapar. Los niños lloraban junto a las madres, conscientes de que no podían hacer nada: eran ratones enjaulados. Estuvieron así, amontonados sobre las gradas como en un infierno dantesco cinco días; había un olor insoportable, y mi abuelo olía el chal de su madre para no desmayarse. Vio cómo algunos hombres perdían el juicio y cómo algunas madres eran muertas vivientes. Al cabo de cinco días, llevaron a los prisioneros a los campos de concentración de Drancy, Beaune-la-Rolande y Pithiviers, y, sucesivamente, a los campos de exterminio.

»Cuando su madre comprendió que dentro de pocas horas se los habrían llevado de allí, le descosió la estrella amarilla de la ropa y le dijo que corriera con todas sus fuerzas. En una de las salidas había un guardia menos atento que los otros, y ella lo incitó a escapar por ahí. Cuando los habían arrestado, solo habían podido coger un jersey, una manta y unos zapatos. Mi abuelo había bajado a la calle con su libro, y su madre consiguió convencer a los guardias para que se lo permitieran llevar. Ella le leyó el cuento docenas de veces en aquellos días del velódromo, y a veces otros niños se les acercaban para escucharla. Era lo único luminoso en aquel lugar infernal: una madre que lee un cuento a unos niños, ¿te das cuenta? Era lo único bello. La última cosa bella que mi abuelo recuerda de su madre…

Clémentine tenía el rostro surcado de lágrimas y no decía una palabra.

—De todos modos, mi abuelo consiguió llegar a la puerta, dio un patadón entre las piernas al guardia, que se quedó doblado de dolor, le dio un fuerte golpe con el libro, echó a correr y no se detuvo hasta después de lo que le pareció un tiempo infinito. Cuanto le había quedado de toda su vida era aquel libro que narraba un cuento mentiroso en el que la bruja mala se quema en el horno. Posteriormente, supo que en la realidad fueron los buenos los que acabaron en el horno. Los buenos como su madre.

»Odió aquel libro, pero reconoció la gran ayuda que le había prestado para mantenerse vivo en el velódromo y para golpear al guardia. Así pues, se juró a sí mismo que, en adelante, ensalzaría los libros y se pondría a su servicio. Se preparó como bibliotecario, el mejor de los bibliotecarios de París. Consiguió encontrar trabajo en el departamento infantil, y era frecuente verlo sentado y rodeado de niños, leyendo para ellos como hizo su madre en aquellos últimos días. ¿Estás ahí?

Sí, Clémentine estaba, pero no conseguía articular ni una palabra.

—Perdona el desahogo, pero quería que entendieras por qué me gustaría recuperar ese libro.

Necesitó un poco de tiempo antes de lograr hablar, y él esperó con paciencia.

—Gracias por esta historia, Thomas; a mí también me gustaría contarte la mía con este libro. ¿Me llamarás otra noche?

—¡Claro, te llamaré pronto, buenas noches!

—¡Buenas noches, Thomas!

Cuando colgaron, ambos se dieron cuenta de que eran dos perfectos desconocidos, y que él no sabía el nombre de ella.

Empezaron a llegar a la redacción muchísimos mensajes y testimonios de personas que creían haber visto o conocido a la mujer de la Fábula en París.

Fue un sobre amarillo lo que llamó la atención de Constance, que, sin abrirlo, se lo llevó al editor en persona.

También al anciano le impresionó aquel pequeño sobre por la elegante caligrafía y el aspecto antiguo.

Lo abrió un poco emocionado.

Contenía un folio, igualmente amarillo pero más claro, y en él estaba escrito:

Conozco personalmente a la chica de la novela, les proporcionaré todo tipo de información.

No me interesa ser figurante de la película, pero intercambiaré mi información por otra cosa que discutiremos más adelante. Dejen su respuesta en el bistró que hay debajo de la editorial sin hacer preguntas, si les importa saber lo que yo sé.

El anciano editor sonrió divertido por el juego, escribió de su puño y letra una respuesta y siguió las indicaciones.

34

Llegó el domingo del gran té de Navidad de la comunidad.

Clémentine pasó toda la mañana en casa de los Dubois para ayudar con los preparativos.

Se metió en la cocina con la abuela, que estaba haciendo un pudin de chocolate en un gran molde de latón, como en los viejos tiempos.

—¿Le echo una mano?

—La compañía siempre es una gran ayuda —admitió la abuela, enfundada en el delantal.

Empezó a pelar las manzanas mientras observaba los gestos lentos y comedidos de la anciana.

—Haremos una buena compota de manzana para servirla caliente con nata montada fresca, ¿qué te parece?

—¡Qué rico! ¿Usted trabajó de joven?

—¿Yo? ¡Vaya si trabajé, querida mía!

—¡Clémentine, ven a ver las guirnaldas que estoy haciendo con cartulina!

—Ahora voy, Rémy, un segundo.

—Era pastelera.

—¡No, no, la abuela era la mejor pastelera de Francia! —gritó Rémy, abrazándola por las piernas y provocando que se tambaleara.

—Me puse a trabajar tras la muerte de mi marido, pues tenía que sacar adelante a tres hijos; la pequeña, la madre de Rémy, la tuve tarde, ya cumplidos los cuarenta años, y mi marido murió poco después. Solo sabía hacer bien dos cosas: cocinar y escribir. Mandé el currículo a todas las redacciones de los periódicos y a las pastelerías de París. Me corría prisa, y el primero que me llamó fue un pastelero. Así empecé…

—… ¿y la escritura?

—Querida, ¡qué joven eres! ¿Cómo podía hacerlo todo yo sola? Abandoné la escritura, pero leí siempre lo que escribían otros autores. Se lo debía, ¡habría podido ser uno de ellos!

—¿Tiene nostalgia?

—No es bueno vivir de la nostalgia, la vida se va.

Y siguió dando vueltas con la cuchara de madera en la olla.

Clémentine la miraba desde atrás: era una mujer fuerte y frágil a la vez, pero le faltaba algo.

—En estos últimos días veo que tienes una extraña luz en los ojos —dijo la abuela mientras seguía de espaldas.

—¿Me lo dice a mí?

—Solo estamos tú y yo en la cocina.

—¿Qué quiere decir…?

—Estás como a la espera de algo…

«¿De una llamada de teléfono, quizá?», pensó Clémentine chupando la cuchara.

Después de ayudar a la abuela, echó una mano a la madre para desplazar los sillones y dejar un gran espacio libre en el salón.

En la estancia había, pues, el árbol iluminado, el

piano negro y un espacio que ocuparían muchos invitados de buen corazón.

—¡Gracias, Clémentine! —dijo Valentine.

—¡Es lo mínimo! —respondió la chica recolocando los cojines.

—No, lo digo por todo.

—No hay nada que agradecer; yo no hago nada.

—Eso es lo bueno, tú no haces: eres.

Se sentó aprisa en el sofá porque los piropos le producían temblor en las piernas.

—Yo…

—No tienes que decir nada, pero me gustaría que abrieras mi regalo de Navidad.

—Está bien… —balbuceó Clémentine, cosa que le ocurría muy pocas veces.

Madame Valentine recorrió el salón despacio y sacó un folio enrollado que se hallaba dentro del piano. Se lo dio a la joven, que soltó la cinta de terciopelo celeste.

Era el folio de una partitura: *El holandés errante* para más exactitud, y, entre líneas, estaba escrito a mano:

Si quieres, me gustaría enseñarte a tocar el piano.

Valentine

Clémentine se emocionó, como ya le ocurría muy a menudo y abrazó a la madre de Rémy. Era uno de los regalos más bonitos que le habían hecho nunca: una promesa de futuro.

—¿Qué hacéis? ¿Qué hacéis? —irrumpió Rémy con unos bigotes pintados con rotulador.

—Hola, cielo…

—¿Por qué lloras, Clémentine? ¡Hoy tenemos una gran fiesta!

—Se ha emocionado.

—¿Por qué se ha emocionado?

—Porque le he dicho que le enseñaré a tocar el piano.

—¿Y lloras por eso? ¡Estás loca, Clémentine!

Tenía que ayudar también a Rémy, que había recortado varias letras del alfabeto, grandes y pequeñas, y las había pegado en una cartulina roja como si bailaran, porque a veces él las veía así.

Cada cual, sin decirlo, había preparado un regalito especial.

Clémentine enfiló el pasillo esperando que Delphine no estuviera en su habitación. No estaba.

Dejó un pequeño paquete atado con una ramita de espino blanco y una carta en la que se excusaba por la intrusión en su vida:

Por nada del mundo me hubiera gustado descubrir tu secreto
y no se lo contaré a nadie, puedes estar tranquila.
Eres una chica estupenda y muy guapa, aunque ahora solo
consigas ver tus granos; pasarán, como pasa todo en la vida,
pero en estos momentos están ahí porque forman parte
de tu crecimiento.
He descubierto que el espino blanco es un excelente remedio
natural para el acné. Una amiga mía, que tiene un herbolario,
ha hecho esta crema para ti.
Feliz Navidad de corazón,

Clémentine

Se fue luego a la habitación de la abuela, que no había visto nunca, y se quedó parada en la puerta. Céleste poseía una cantidad impresionante de libros. Había de cocina, antiguas y nuevas novelas y muchísimos ensayos y biografías. Reconoció el que había escrito su padre y sonrió.

Dejó un paquete en la mesita de noche. Contenía un chal de lana gruesa para proteger la espaldita de la abuela.

En la habitación de Rémy dejó un frasco de mermelada vacío con una etiqueta que decía:

NADA

EL DÍA QUE FUIMOS JUNTOS A HACER NADA
RECOGÍ UN POCO DE NADA DE RECUERDO.

El frasco estaba bien cerrado con un tapón de plata y una cinta roja con dos campanitas.

35

Cuando estuvo todo preparado, Clémentine fue a casa a darse una ducha.

Se esperaba a los invitados a las cuatro. Neri y Blanche habían llegado ya y estaban sentados a la mesa de la cocina de su hija charlando como viejos amigos.

Blanche había traído a los Dubois un estupendo queso de cabra de Fuerteventura para tomar con miel de palma. También había preparado varias botellitas de ron miel, el licor típico hecho con ron y miel pura de abeja. Era una receta de principios del siglo XIX y gustaba incluso a los que no solían beber. En cada botella había una notita atada con cinta de colores diferentes que decía:

Gracias por estar tan cerca de Clémentine.

Sus padres

A Neri le encantaba cocinar y probar recetas. Como deseaba preparar algo italiano, había consultado el famoso libro de Artusi, para encontrar entre sus páginas algún plato adecuado.

Quería hacer un dulce que fuera bien para la merienda. Escogió el *latteruolo* que, en ciertas regiones de

Italia, los campesinos lo llevaban como regalo al patrón en la fiesta del Corpus Christi.

Desde que vivía en Fuerteventura se sentía un poco campesino, porque tenían un pequeño huerto, y como Valentine era el ama de casa, le parecería acertado. Luego recordó que su tía se lo hacía cuando era pequeño y estaba buenísimo.

Era ya la hora. Clémentine se había puesto un vestido negro de corte trapecio y unos graciosos zapatos de charol. Blanche llevaba una larga camisola gris perla, pantalones pitillo de un gris más oscuro y bailarinas rojas. Neri, un cálido jersey blanco de cuello alto y pantalones de pana marrón.

Formaban una maravillosa familia, incompleta pero feliz.

¡DING, DONG!

—Abrid, será Michelle o Florien…

Eran ambos, alegres: Florien llevaba sobre los hombros a Martin que canturreaba, y Michelle y Léo cogidos de la mano como el día de su boda.

El reencuentro con todos fue un placer también para Blanche y Neri que querían mucho a los amigos de su hija.

Era hora de bajar.

—¿Vamos? —dijo Neri con aquel acento toscano que todavía hacía enloquecer a Blanche.

—¡Sí!

¡RIIIN, RIIIN!

—¿Lo cojo yo, cielo?

—¡NO! ¡No! ¡No! No, que ya lo cojo yo, estoy cerca… ¿Diga?

—¡Hola! Soy Thomas, ¿interrumpo?

—No, bueno, la verdad… —La cara de Clémentine pasó por todos los matices del rojo, y la escena era cómica: la pequeña entrada de un apartamento con siete personas de pie, cargadas de paquetes y paquetitos, y en el centro, una chica encantadora con un auricular en la mano, las puntas de los pies que se tocaban como niñas tímidas y todos los ojos y los oídos clavados en ella.

—Es que me apetecía conocer tu historia...

—Claro, qué bien, pues, yo... no es que sea el mejor momento porque, verás... estaba en la puerta, estaba a punto de salir...

—Pequeña inquilina, ¡no tienes que justificarte conmigo!

—No me estaba justificando, es que...

El círculo se estrechaba a su alrededor para escuchar; incluso Martin estaba callado. Todos inmóviles, silencio de tumba y una voz lejana que hablaba a través de un hilo larguísimo.

Era difícil que Clémentine se quedara muda, pero esta fue una de las pocas ocasiones en que ocurrió.

Pero es que aquella era, precisamente, una cosa muy íntima.

—Thomas, quizá sea mejor que hablemos mañana o... ¿qué tal esta noche?

—¡De acuerdo, inquilina! ¡Te vuelvo a llamar! ¡Hasta luego!

—¡Hasta luego entonces!

Clémentine colgó a cámara lenta y luego se giró.

—¿Qué pasa?

De repente todos apartaron la mirada, tosieron, cambiaron de posición y alguien dijo:

—¿Bajamos que aquí hace mucho calor?

Michelle cogió del brazo a su amiga y le susurró:

—¡Tú y yo tenemos que hablar!

Florien le guiñó un ojo y los padres se dieron un codazo de complicidad.

Clémentine pensó que los quería mucho a todos,

pero que se equivocaban estrepitosamente: la voz del inquilino no era más que una voz sin cara, y ella ni siquiera era un nombre para él. Pero la había llamado «pequeña inquilina»...

Bajaron la mar de alegres. Rémy los oyó llegar y fue corriendo a abrir.

Se había vestido como cuando iba a la ópera y ya tenía la pajarita torcida.

Hector estaba sentado en el sofá con un vaso en la mano y charlaba con Adam, el padre de Rémy.

La abuela estaba poniendo la mesa y buscaba sitio para unas estupendas tartaletas de salmón y cebollino. Valentine acomodó a los invitados y empezaron las presentaciones.

—Chrisptophe llegará en breve; ha regresado esta noche de Japón —dijo Hector, un poco tenso.

Enseguida se formaron pequeños grupos: Neri y Adam hablaban de viajes; Adam recorría el mundo por trabajo y Neri, por placer.

A Florien y a la abuela no les faltó tema de conversación con las recetas de cocina, porque él no dejó de alabar las obras maestras de Céleste.

Michelle y Léo necesitaban los buenos consejos de Hector para su jardincito, mientras que Rémy y Martin habían encontrado bajo la mesa, cubierta por el gran mantel blanco bordado, el lugar perfecto para comer almendras garrapiñadas de chocolate y coco que cogían al vuelo del bufé.

Delphine hizo una aparición fugaz calzada con sus grandes zapatillas deportivas, vio que no había sitio para ella y desapareció sin que nadie se diera cuenta de nada. Se tiró en su cama y se puso los auriculares con la música a todo volumen, mientras miraba las nubes que estaban en suspenso sobre París. Le entraron ganas de llorar, porque no conseguía ser lo que quería ser, ni decir lo que quería decir. No era como Rémy, al que todos apreciaban. Él era simpático, ella, no. O mejor, no conseguía exteriorizar su manera de ser, dejarse conocer. Tenía una amiga del alma y ya está. Rémy, por el contrario, hacía amigos al instante y contagiaba con su alegría y su bondad a las personas de cualquier edad. Ella quería a su hermano, aunque no se lo demostrara, pero también lo envidiaba, pero jamás le habría hecho daño.

¿Por qué no lograba librarse de su timidez embarazosa y del papel que a estas alturas se veía casi obligada a interpretar? ¡Cómo le hubiera gustado ir al salón con una bonita sonrisa y sentarse cerca de alguien para conversar!

¡TOC, TOC!

—¿Está ocupado?

Florien entró en la habitación de Delphine, pensando que era el baño, y la encontró perdida en un universo lejano.

—¡Oh, perdona, no quería!... He entendido que el baño era la primera puerta a la derecha...

Ella se quitó rápidamente los cascos y dijo casi sin darse cuenta:

—Eh... no pasa nada, perdona que no te haya oído, es que estaba escuchando a los Beatles y...

—¡¿Los Beatles?! ¡Vaya! ¿A tu edad escuchas esa música?

—Sí, me la pasa papá; no me gusta lo que escuchan mis amigos, ¡es demasiado bum, bum!

—¡No me he presentado, es imperdonable! Soy Florien, ¿con quién tengo el honor de hablar?

—Soy Delphine... la hermana de Rémy.

—¡Hola, Delphine! ¿Qué haces aquí tan sola? Perdona, no es asunto mío; imagino que pensarás que la merienda es cosa de viejos y que es mucho mejor estar aquí en la habitación, ¿no?

—Sí, ¡o sea, no! O sea habría ido un rato encantada, pero estabais demasiado concentrados entre vosotros…

—Hay un lugar libre en el sofá, ¿te vienes conmigo? —dijo el dandi tendiéndole un brazo. Florien llevaba un traje de pana azul oscuro y una camisa blanca con imperceptibles rayitas de color violeta, calzaba mocasines italianos y cuando cruzaba las piernas, se atisbaban calcetines a rayas de tonos lilas y celestes.

—¿Sabes que tienes un pelo precioso, Delphine?

—Humm…

—Lo único es que yo levantaría un poco el flequillo, ¡así, mira!

Estaba a punto de decir que aquel era su escondite más secreto y que no se podía tocar, pero él había cogido ya una horquilla de la mesita y se la había puesto de una forma deliciosa.

Delphine se miró al espejo y tuvo que admitir que no estaba mal aquel extraño peinado, hecho por un extrañísimo tipo que le recordaba a Oscar Wilde.

—¿Entonces qué? ¿Me das tu brazo?

Un elegantísimo y seguro treintañero junto a una aturdida y despeinada adolescente atravesaron el umbral del salón en un momento en que todos comían, de modo que no fue demasiado teatral la llegada de Delphine y su nuevo peinado.

En realidad Clémentine vio toda la escena y se alegró muchísimo; ¡solo Florien podía salir victorioso de esa empresa imposible!

¡DING, DONG!

—Debe de ser Christophe —dijo Hector, algo violento—. No viene solo, ha ido a buscar…

—¡Adelante, Christophe, buenas tardes!

Clémentine se dedicó a dar vueltas a la servilleta sabiendo muy bien por qué. Se hacía la indiferente y le salía fatal.

Atisbó desde el sofá, mirando hacia la entrada, para intentar ver quién más venía, pero no lo consiguió; se oía solo el jaleo, y no parecía que fueran dos personas... ¡sino que llegaron cuatro!

Pero la impresión mayor fue ver a Christophe que ayudaba a una señora a quitarse el abrigo, mientras entraban, tímidamente, dos niños, uno de los cuales era... ¿Olivier? ¿¿Y aquella señora era su madre?? ¿Y la niña quién era?

Clémentine no entendía nada y se sintió visiblemente a disgusto.

Hector tuvo la impresión de que debía explicarse, pero apenas abrió la boca, la niña corrió a su encuentro:

—¡Abuelo!

¿Abuelo?

—¡Señores, amigos, quiero presentaros a mi nietecita!

Todos aplaudieron.

—Se llama Lan, ¡y yo soy el abuelo más feliz de París!

Se sentó a la pequeña sobre las rodillas, y quedó patente la belleza oriental de la niña. Tenía finos cabellos de ébano y púrpura, los ojos como dos avellanas doradas y la piel de color café claro. Era de una belleza divina.

En ese momento, Christophe se aclaró la voz y presentó a la madre de Olivier, que parecía tener diez años menos, así como al niño, tímido pero feliz.

Clémentine excavó en su memoria. ¡El traje parecido al del pájaro jardinero! ¡Christophe, el verdadero jardinero! ¡Un papá para Olivier, una hija florecida como una rosa en el jardín de Hector! La madre que volvía a recoger a Olivier feliz y despeinada... ¡La llamada de teléfono! «Pequeña... te echo muchísimo de menos...» ¡¡¿¿Christophe hablaba con la niña??!! Y sin embargo, estaba segura de que ellos dos habían flirteado... Cuando ella empezó a no querer salir, ¿él se había encontrado con la madre de Olivier mientras acompañaba al niño al último piso? ¡Todo eso había sucedido en dos meses! ¿Se habían enamorado tanto en dos meses? ¿Era posible?

Clémentine sabía que era más que posible.

Sintió una punzada de celos y un poco de nostalgia, pero un instante después, se alegró mucho por ambos. Hacían una pareja estupenda, y para los niños era una fiesta.

Oyó cómo Hector se lo explicaba a la abuela: la madre de Lan, que había muerto tras una larga enfermedad, era una queridísima amiga que Christophe tenía en Tokio a quien le había hecho prometer que se ocuparía de la niña, porque no tenía padre; la pequeña se había encariñado mucho con él.

Christophe le había hablado siempre en francés, y ella lo entendía y lo hablaba un poco.

Esto era cuanto había que saber acerca de un acto de amor intercontinental que hacía honor a las promesas y ofrecía un futuro a una criatura sola en el mundo.

Clémentine se dedicó por completo a Olivier unos minutos, y luego intentó que se acercara a Rémy.

No fue necesario, porque los niños no poseen los esquemas mentales de los adultos; el juego es sagrado por encima de todas las cosas. De hecho, estaba a punto de iniciarse un gran juego del escondite, y Florien empezaba ya a contar.

Hubo tiempo para todo aquella tarde. Charlas para conocerse y para consolidar amistades, buena cocina, juegos y música.

Después de una supertómbola en la que participaron

todos y en la que Delphine ganó la guirnalda con las letras que bailaban, la madre tocó el piano. Primero interpretó algunas piezas que le pidieron, luego, villancicos y cantaron, cada uno a su manera, pensando en cosas completamente diferentes.

Clémentine se fijó en que la abuela seguía el ritmo con las zapatillas y tarareaba la música con los ojos cerrados; Delphine, junto a ella, cantaba con una preciosa voz, aunque era evidente su turbación; Léo y Michelle se miraban a los ojos, y él le apoyaba una mano en el vientre; asimismo, Adam apoyaba las manos sobre los hombros de su mujer mientras tocaba; Hector se había sentado de nuevo a Lan sobre las rodillas y la hacía galopar; Christophe y la madre de Olivier cantaban abrazados como dos adolescentes; Martin, Rémy y Olivier bailaban enloquecidos igual que canguros; Neri tenía la mano sobre la rodilla de Blanche, y ella reposaba la cabeza sobre el hombro de su marido. Florien miraba fijamente a Clémentine.

Fue a colocarse a su lado, junto a la ventana.

—¿Todo bien?

—¡Muy bien! ¿Y tú?

—Clémentine, este es un día sin tiempo, la tarde más bonita desde hace años, ¡es como si los conociera a todos desde siempre!

—Es así, Florien. Por eso me apetecía tanto que os conocierais.

—Pero ¿tú estás bien?

—Sí, ¿por qué?

—Te veo preocupada, de vez en cuando.

—No, no. ¡Todo va bien! Te lo diría de verdad, aunque estoy un poco emocionada, porque en estos tres meses han ocurrido muchas cosas verdaderamente preciosas.

—¿Y la llamada de teléfono?

—Nada, bueno... Era el inquilino que vivía en el apartamento antes que yo. Al no haber cambiado yo el número, me ha telefoneado porque quería recuperar un libro que se había dejado y... y nada... Después de la primera conversación, hemos seguido hablando, me llama él y charlamos y nos contamos cosas; estamos bien y casi da la impresión de que ninguno de los dos quisiera que él venga a recoger el libro, porque luego se acabaría todo.

—¿O empezaría?

—No lo sé, pero ahora es bonito así. Además, hace muy poco tiempo, aunque parezca mucho, y así estoy, esperando a que llame.

—¿Qué puede haber más bonito que esperar a alguien?

—¿Tenerlo al lado? —concluyó Clémentine mirando a las parejas del salón.

Florien la abrazó por la espalda y le apoyó el mentón en el hombro. Bailaron un lento *Happy Christmas* con los ojos cerrados.

Afuera París veía solo las suaves luces que procedían del gran salón; en el interior reinaba la armonía celestial que se había generado aquella tarde de domingo a pocos días de la vigilia de Navidad.

Ninguno de los presentes habría abandonado aquel cálido espacio, pero después de pasar muchas horas juntos, se despidieron y cada cual volvió a su casa más feliz.

El editor no me dijo nada de su acuerdo con el informador más convincente de entre los centenares de cartas recibidas. Quería protegerme y no darme falsas esperanzas. Ya no disponía de ninguna pista de ella y, en verdad, casi no recordaba ni siquiera su cara.

36

Clémentine regresó a su apartamento después de haber ayudado a los Dubois a recolocarlo todo y haber besado a Rémy que dormía en un sofá con cara de satisfacción y serenidad.

Al entrar, no encendió la luz, fue derecha al estudio y se sentó en el gran sillón de terciopelo verde.

Miraba afuera y pensaba. Como un tren en marcha, viajaban diferentes pensamientos que no controlaba. Asociaciones libres en formas libres. Le encantaba mirar la ciudad de noche, mucho más que de día.

Frente a un paisaje nocturno, lo único que puedes hacer es imaginar o recordar qué había en él.

¡RIIIN, RIIIN!

Se sobresaltó como si no se esperara lo que, en el fondo, estaba aguardando.

Respondió desde el teléfono del escritorio.

—¿Diga?

—¡Soy Michelle!

—¡Hola!

—Queríamos decirte que lo hemos pasado muy bien, ¡vuelve a dar las gracias a los Dubois de nuestra parte!

—¡Por supuesto!

—¿Y tú no tienes nada que decirme?

—¿Yo? ¿Y tú qué?

—¿Cómo lo has sabido?

—Tú me infravaloras. ¿Cuándo nacerá?

—Si no fueras ya mi mejor amiga, te pediría que lo fueras. Estoy justo al principio, ¡nacerá en julio!

—¡Qué maravilla!

—¡Sí! Estamos contentísimos, pero ¿y tú y ese Thomas?

—Nada, nada, Michelle; nos estamos conociendo…

—Pero ¿dónde lo has encontrado? ¿Qué hace? ¿Cómo es?

—No lo sé…

—¡Venga ya, Clem!

—No, de verdad… —Y contó de nuevo el «encuentro de voces» sin decir que esperaba que la presente llamada hubiera sido la de él.

—¡Bueno, me parece fantástico!

—A mí también. Vivo en esta fábula por teléfono, mientras ninguno de los dos cuelgue.

—Nos veremos en las vacaciones… ¡Un beso!

—Hasta luego, Michelle; gracias por tu llamada.

Apenas tuvo tiempo de hacerse una infusión de manzana y canela, y dejarla en el escritorio junto al sillón para que se enfriara, cuando el teléfono sonó nuevamente.

—¿Diga?

—Hola, inquilina, sabía que no dormías porque hace un momento comunicabas.

—¿Me espías?

—No, aunque podría hacerlo perfectamente, ¡lo sé todo de esa casa! ¿Dónde estás ahora?

—En el estudio, donde está la librería, ¿la encargaste tú?

—No, estaba ya allí; la señora Violette me contó que la había encargado ella.

—¡¿Conociste a la tía Violette?!

—¿Cómo que la tía Violette?

—Era una tía lejana mía...

—¡Entonces no eres una inquilina! ¡Eres la propietaria del apartamento más bonito de París!

—Esto... pues... sí —dijo con la misma turbación del primer día—. ¿Cuándo la conociste? —preguntó con un sentimiento de culpabilidad increíble.

—Fue una vez en que quise darle las gracias porque había estado muy bien en su apartamento, de modo que fui a verla; además, los ancianos me producen mucha ternura...

«Los niños y los ancianos son muy parecidos en todo», pensó ella, y se recreó en la dulzura de Thomas.

—¿De verdad la visitaste?

—Sí, ¿por qué?, ¿es tan extraño?

—No, no... —admitió con gran pesar y con mil preguntas que le acudían a la mente, sin saber en qué orden hacerlas, ni si hacerlas todas.

—¿Estás bien?

—Sí, pero ¿por qué te marchaste del apartamento más bonito de París?

—Porque mi abuelo enfermó de repente, no podía vivir solo, y yo no quería que viviera con ninguna otra persona que no fuera yo; además, sabía que le quedaban pocos meses de vida, y ese apartamento no iba bien por muchos motivos, sobre todo porque la silla de ruedas no entraba en el ascensor. Por esa razón busqué otro piso que fuera adecuado.

Clémentine estaba fascinada, como siempre.

—¿El abuelo del velódromo?

—¡Sí!

—Pero ¿cómo se las arregló solo en el mundo después de escapar?

—Su madre le dijo que entrara en una iglesia, porque sin duda allí hallaría a alguien de buen corazón, y así fue, afortunadamente. Encontró a fray Gustave que estaba en el templo colocando las velas: él se metió a toda velocidad como una cerilla que está a punto de consumirse y lo arrolló. Las velas se cayeron al suelo y se rompieron. Mi abuelo se puso a llorar desesperado, y el fraile lo cogió en brazos y lo tuvo así bastante tiempo. Luego se sentaron en un banco. El fraile era un hombre enorme, como una roca. Mi abuelo, que parecía un renacuajo, se atrevió a decir:

«Estaba en el velódromo, me he escapado porque mi madre me ha dicho que nos iban a matar, pero ahora me he quedado solo y no sé adónde ir. ¿Me puedo quedar contigo aunque sea judío?».

«La belleza llega de muchas formas y no hay una forma más bella que tú. Tranquilízate, ¡aquí estarás seguro, pequeño!»

»Así que se quedó a vivir con un grupito de nueve frailes hasta los doce años. A partir de entonces fue a un internado y volvía a la casa de los frailes en las vacaciones. Ellos lo mantuvieron y lo amaron como un regalo del cielo.

—La belleza llega de muchas formas... —murmuró Clémentine.

—¿Y tú, no me cuentas nada?

Ella inspiró profundamente, y el aire le llegó hasta lo más recóndito del cuerpo. Empezó a hablarle de Tobias, del cuento y de la abuela. De vez en cuando se quedaba callada, y él esperaba. A veces derramaba mudas lágrimas, y él se daba cuenta.

Thomas escuchaba en silencio y dejaba que ella llegase donde quisiera con los recuerdos y las palabras. Estaban al teléfono desde hacía casi dos horas, y París se disponía a dormir. Había menos coches, pero iban más rápido. Clémentine abrió la ventana un instante y entró un viento helado que necesitaba para despejarse la cara.

—Esto es todo. Cuando encontré tu libro y leí el verdadero final, me reconcilié con mi historia personal, de modo que gracias por habértelo olvidado.

Hubo un silencio de punto final.

Thomas lo rompió sin saber bien qué decir.

—Te dejo ir a dormir…

—Ah, de acuerdo, si… Dentro de poco será Navidad.

—En Navidad te faltan aún más los que se han ido…

—Es verdad.

—Buenas noches.

—Buenas noches y felices sueños.

¡RIIIN, RIIIN, RIIIN, RIIIN, RIIIN!

—¡¿Diga?!

—¡¿Demonios muchacho, estás ahí?!

—Sí, es que estaba durmiendo…

—¿Ya? ¡La noche es joven!

—Pero si son las dos.

—Tengo grandes noticias para ti. Nos vemos mañana en el bistró para cenar.

—Pero yo…

—¡¡¡Yo nada!!! ¡¡¡Hasta mañana!!!

37

Después de un paseo por los jardines del Louvre, en donde había estado observando un buen rato a los niños que empujaban con palos sus barquitos en la fuente, Clémentine se fue hacia el metro. Cuando llegó el tren, subió, absorta en sus pensamientos.

Era martes, y él miraba abstraído por la ventanilla del metro, cuando una voz suave le dijo:

—¿Podría sentarme? —Señalaba la cartera de cuero que ocupaba el asiento de al lado.

Él asintió distraídamente; estaba a punto de apartar la cartera, y antes de alzar la mirada, vio unos pequeños zapatos rojos, tipo merceditas. Se dio la vuelta de nuevo hacia la ventanilla, y en ella vio reflejada una imagen que, por ahora, se le había aparecido muy poco como para estar seguro, de manera que se giró de repente y la vio…

—Claro… perdona… por favor… siéntate… ¡ya está! —Y la cartera y su contenido se cayeron sobre los pies de la chica y en el suelo del vagón.

Ella se echó a reír como una loca y se quedó admirada al ver lo que se había caído:

- un fajo de folios que tenía todo el aspecto de ser una novela, junto con un diccionario etimológico
- 4 bolígrafos de colores diferentes
- 1 goma de borrar
- 2 lápices: uno amarillo y otro azul
- un bloc
- un cuaderno
- algunas canicas, que rodaron por todo el vagón y allí se quedaron…

Clémentine se inclinó enseguida para recogerlo todo, y él hizo lo mismo. Como dos niños jugando por el suelo. La arrancada del tren los hizo tambalearse y los empujó al uno contra el otro.

—Per… do… na… —dijo él, petrificado.

—¡Perdona tú, mira la que he organizado! ¿Falta algo? —dijo ella levantando la vista hacia él.

También ella lo reconoció: era el chico que estaba escribiendo en el metro aquel día (el cuaderno lo confirmaba), aquel del sueño increíble, ¡qué casualidad!

Cuando estuvo todo colocado y la cartera cerrada, él le hizo un gesto de que podía sentarse porque no le salían las palabras, ahora que la había encontrado.

Ella no tenía nada que decir, por lo que callaba mientras tamborileaba sobre los muslos.

Él tenía mil cosas que decirle, pero le angustiaba que se bajara enseguida.

Clémentine se relajó en el asiento y cerró los ojos.

Él no paraba de moverse, se rascaba y se aclaraba la voz que no salía.

Por fin, ella abrió un libro y se puso a leer.

También él hizo lo mismo, y el ambiente fue respirable de nuevo.

Ambos, disimuladamente, atisbaron el libro del otro.

Cuando llegaron a la parada en la que debía bajar, ella se levantó y le sonrió sinceramente.

Él le correspondió y la siguió con la mirada hasta que desapareció.

Se había marchado, quizá para siempre, y yo no había conseguido decirle nada. ¿Qué era lo que me había retenido?

Me dirigí a la cita con el editor; ¿cómo podía confesarle lo ocurrido?

—¡Hola, querido muchacho, qué pálido estás! ¿Has visto a un fantasma?

—No, es que estoy un poco cansado.

—El éxito, ¿eh?

—Digamos que duermo poco.

—Bueno... escucha: tengo una prueba que quiero enseñarte, tengo una foto de la mujer de tu vida...

—¿Cómo una foto?

—Mi informador ha hecho una foto como prueba, digamos que no es gran cosa como fotografía, pero creo que a ti te bastará.

Estaba atónito con los acontecimientos del día. Me tendió la foto y le di la vuelta, esperando que no fuera ella. Lo primero que vi fueron dos graciosos pies calzando unos pequeños zapatos rojos, tipo merceditas.

Era ella seguro.

—¿Y bien?

—¡Es ella!

—¡Bingo! ¡¿No estás feliz, muchacho?!

—Sí, claro, pero...

¿Podía sincerarme? Los ojos del editor, anegados en lágrimas, me miraron asombrados y bondadosos.

Sí, podía.

—Es que tengo miedo, la verdad es que no sé qué decirle.

El anciano se quedó pensativo y se masajeó la barbilla.

—Escucha, yo también me he divertido con esta loca búsqueda y he tenido mis compensaciones. No importa lo que decidas hacer, yo te proporcionaré el nombre, apellidos y dirección; luego decide tú, sin ningún compromiso en lo que a mí respecta, ¿de acuerdo?

Me sentía abrumado por la generosidad de ese hombre, por su calma y su impetuosidad a la vez.

Nos despedimos, y yo me quedé con la foto en la mano todavía un rato, sentado en aquel bistró.

38

¡RIIIN, RIIIN!

—¿Diga?

—Hola, ¿te he despertado?

—No, estaba leyendo…

—¿Te molesto?

—No, no, en absoluto.

—Mira que si quieres, cuelgo.

—No, de verdad, me gusta hablar contigo siempre. Lo que ocurre es que estoy un poco cansada, hoy ha sido un día largo y extraño. Mi trabajo se basa en las relaciones humanas y estas suponen una carga para el corazón en lo bueno y en lo malo.

—Ya, pero ¿a qué te dedicas?

—¡Paso! Hablar contigo debería ser una distracción del trabajo, ¿no?

—¿Soy solo una distracción?

—No, perdona…

—¿Yo no soy una relación para ti?

—Yo… creo que sí, digamos que hace ya tres meses que nos conocemos, bueno, conocernos precisamente no…

—¿Por qué?

—Venga… —se rio Clémentine.

—¿Por qué dices eso? —dijo Thomas con pesar.

—Perdona, no quería ofenderte, estoy cansada de verdad y no digo más que tonterías. Lo nuestro es una relación, en efecto, ¡aunque todavía no sabes cómo me llamo!

—Ya sé que no lo sé, pero esperaba que... si tenemos tantas cosas que decirnos, si se prolonga nuestra relación...

—Sí, entonces digamos que mantenemos una relación de un modelo aún inconcreto, pero que es una relación en serio porque requiere esfuerzo, un poco como un libro, ¿no?

—No te sigo...

Clémentine estaba muy cansada y las conexiones mentales le salían sin haber pasado por el filtro de la dialéctica; es decir, más bien herméticas.

—Tienes razón, perdona, trataré de explicarme: un libro puede tener una bonita portada y óptimas reseñas, pero hasta que tú no dediques tiempo y energía a su lectura, no se te desvelará; es una cuestión muy privada y personal que nadie puede hacer en tu lugar, ¿lo entiendes?

—Creo que sí.

—Por ejemplo: ¿sabes ese libro que ahora está a la cabeza de todas las clasificaciones, ese que se llama *Fábula en París*?

—Sí, ya sé.

—Bien, ese ya lo conoce todo el mundo, tiene una bella portada, lees en la contraportada el resumen y te intriga, pero hasta que no lo leas no sabrás nada nunca, no entrarás en contacto con él. Sin leerlo, sabes solamente que existe; si lo lees, entras en una comunicación, en la que el escritor ha puesto lo suyo y tú, con la lectura, lo acoges. ¿Tú lo has leído?

—Sí, lo he leído; ¿quién no lo ha hecho?

—Cierto; de todos modos, se merece el éxito que ha tenido —dijo ella sinceramente.

—Bueno, yo creo que hay muchos autores que se lo merecen, que escriben libros preciosos, pero que se quedan en el anonimato porque no han tenido la promoción de ese.

—Sí. Eso es verdad. Mira, estoy muy cansada, te apetece...

—¡Silencio! ¡Buenas noches!

—¡Buenas noches!

Mientras se dormía, Clémentine se preguntó si conocería a Thomas y cuándo sucedería eso.

Él no tenía prisa por recuperar el libro, le bastaba saber que estaba a buen recaudo.

Podía ser ella la que propusiera algo, pero no estaba segura. El sueño la venció.

Decidí no pedir más información, por el momento, sobre la chica de mi libro.

Era una decisión que debía madurar.

La casualidad había hecho que me la encontrara de nuevo y que se sentara a mi lado; quizá no habría debido forzar tanto la situación.

39

Rémy estaba organizando algo, o lo parecía, por la forma sospechosa con que se desplazaba por la casa. Miraba continuamente hacia atrás, hacía cosas raras…

Preparaba una sorpresa para los invitados del té y se lo comunicó el mismo día.

Estaban todos sentados. Acababan de actualizar la historia del señor Delacroix y de su hija Lisette. Flores a domicilio en cualquier punto de París. En cuanto tomaban asiento se dedicaban a ese juego, verdaderamente divertido, que duraba veinte minutos; luego hablaban con cordialidad de la semana, de flores, de libros y de todo aquello que se le puede venir a la cabeza a un grupo tan variado, reunido alrededor de una mesa el miércoles por la tarde.

—¡Escuchad! ¡Nadie podrá faltar al té del miércoles próximo porque tengo una sorpresa para vosotros!

—¿Qué sorpresa, Rémy?

—¡Una sorpresa es una sorpresa! No diré nada a nadie y espero que os guste.

—¡Estamos impacientes!

Contenta por la noticia de Rémy, Clémentine se fue a casa y estuvo pensando un rato en qué podría haberse inventado el niño. Debía de ser algo muy especial.

¡RIIIN, RIIIN!

—¿Diga?

—Hola, soy Thomas, ¿y tú cómo te llamas?

—Soy Clémentine, Thomas, encantada de conocerte.

—Necesitaba ponerte un nombre, Clémentine, ya no me bastaba la voz.

—Me gusta que me lo hayas preguntado, de verdad.

—Hoy, mientras paseaba por París, pensaba que quizá te he visto alguna vez sin saber que eras tú.

—¿Dónde has estado?

—Por el muelle desde Notre-Dame hacia el centro; después me he parado en la librería Shakespeare a leer un rato y he pasado por el Barrio Latino. ¿Y tú?

—Lo siento, voy mucho a esa librería, ¡pero hoy no! Mi sofá preferido es el del primer piso...

—¡... cerca de la ventana!

—¡Sí!

—¡He estado allí esta tarde!

Clémentine tuvo un estremecimiento, como si él la hubiera acariciado.

—Thomas, yo creo que quizá...

—¡Chist! Clémentine, paso a paso, hoy sé tu nombre y me gusta muchísimo porque me recuerda a las mandarinas que compraba mi abuelo en el mercado.

Estaba encantada con la dulzura de ese chico y quería saber... No podía seguir así, perdida hacia el camino del enamoramiento que había emprendido con los ojos cerrados.

Tenía la foto de sus pies sobre la mesita de noche y dejaba que me miraran.

Había decidido llegar más lejos, pediría la dirección, pero, eso sí, después de haber hecho una cosa.

40

¡Qué simpáticos los plátanos con esas hojas que parecen manitas y los pompones colgando! Dan alegría.

Era una suerte que en París hubiera tantos, y Clémentine estaba segura de que eso también influía en el buen humor de los ciudadanos.

El ambiente en el que se vive tiene repercusiones en el estado de ánimo. Lo que importa no es el lujo de una vivienda, pues incluso puedes sentirte a gusto en una casa muy modesta. La luz: ese es el secreto. Como en las fotografías. En una foto debe haber una buena luz, una luz que bañe los contornos. Hay diferencia entre una habitación iluminada por un neón o por lamparitas con pantalla: no proporcionan el mismo ambiente; cambia completamente la atmósfera del lugar y el bienestar de quien lo habita.

Clémentine había salido a dar un paseo porque quería reflexionar sobre la última llamada telefónica de Thomas.

(...)

—Está lloviendo, me he empapado, ¡pero París sigue estando preciosa!

—¿No has cogido uno de los paraguas de la tía Violette?

—¡No!

—¿Es que no sabes que si coges el paraguas es casi imposible que llueva, mientras que si no lo llevas, es casi seguro que te mojarás?

—Tienes razón, y sé incluso quién lo dijo. Es una frase de *La filosofía del paraguas*.

—Yo me estaba citando a mí mismo, ¿quién lo ha dicho, aparte de mí?

—Adivínalo.

—Si es un reto, acepto.

—¡Muy bien! Pero escucha, ¿todos esos paraguas eran de verdad de la tía Violette?

—Sí, claro. Cuando fui a verla, me quité la espinita de preguntarle sobre las cosas más extrañas del apartamento y...

—Y...

—Sientes curiosidad, ¿eh?

—Bueno, un paragüero lleno de paraguas viejos y preciosos es un poco extravagante; normalmente, solo se tiene uno.

—Me contó que los iban recogiendo desde hacía generaciones.

—¿Los recogían?

—¡Sí! Después de esos días de viento y lluvia fortísimos, esos en los que hay que agarrar con fuerza los paraguas, ocurre que estos echan a volar. La tía Violette y algunos antepasados de su familia se dedicaron a la caza de esos paraguas; los arreglaban y los ponían en el paragüero para prestarlos a quienes los necesitaran.

—¿Y...?

—Ella me dijo que en los paraguas veía la metáfora de la vida: vivir es la lucha que los hombres mantienen para estar en buenas condiciones en este mundo, la misma lucha que sostienes con el paraguas cuando sopla fuerte el viento; a veces lo consigues, otras veces el paraguas sale volando y te mojas, pero no vuelas con él. Nadie sabe si un día concreto el paraguas saldrá volando o no; lo importante es estar preparados y encontrar a alguien que quiera recoger las huellas de tu existencia para crearse la suya propia.

»Los hombres deben ser solidarios. A pesar de nuestras fragilidades e imperfecciones en este mundo, alcanzamos la perfección. Esta estriba, precisamente, en ser imperfectos, pero tendiendo siempre a la perfección.

—¡Con el permiso de los hombres que se matan para ser perfectos e impecables! La perfección entonces, según la tía Violette, no existe, si he comprendido bien.

—Solo si la perseguimos, aunque no la alcancemos, conseguiremos la mayor creatividad en todos los ámbitos, ya sea en el del pensamiento, ya sea en el artístico —concluyó él que, por primera vez, contaba a alguien una de las conversaciones más intensas de su vida.

Permanecieron un rato en silencio, para comprender las teorías de la tía Violette.

Thomas prosiguió:

—Me dijo también que, en su opinión, el amor consiste en permitir que el otro sea imperfecto, como así fue entre ella y su marido...

—Estar cerca siendo imperfectos... —Clémentine suspiró, y se mordió el labio. ¿Por qué no conoció a esa persona tan espléndida? Estaba segura de que su madre tampoco sabía nada de ella—. Pero ¡¿era una filósofa?!

—Perdona, ¿tú la conocías?

He aquí la pregunta de la vergüenza y del remordimiento.

—La verdad es que no, y no sabes cuánto lo siento.

—¡Qué pena! Era una de esas mujeres que había entendido la vida: había estudiado y leído muchísimo y, posteriormente, había meditado a lo largo de mucho tiempo. Un grave accidente la dejó inválida de las piernas; por eso se retiró y ya no venía a París, porque como no era autónoma, no quería ser una carga para nadie. Su condición de imperfecta, tras la parálisis, la había mejorado, según ella, mucho más que cuando aún no estaba impedida.

—¡Ya veo, era extraordinaria!

—Sí, lo era de verdad...

Venía a ser algo así como los grandes pensamientos que, nacidos de una única idea, se han puesto en práctica, como por ejemplo: un joven que dijo antes que nadie que todos los hombres han sido creados iguales; una frágil monja que amó al prójimo como a sí misma; un predicador negro que afirmó «Yo tengo un sueño»; un hombre de frágil complexión que nos exhortó a ser el cambio que queríamos ver en el mundo; un cantante que imaginaba la paz, un presidente negro que comprendió que el valor no es la ausencia de miedo, sino el triunfo sobre él. La historia de la humanidad es, en verdad, el producto de innumerables actos de valor y de fe. Es cierto que cada persona puede representar un cambio y generar una luz que envíe una minúscula señal de esperanza, de resistencia ante la incesante lluvia que provoca que te vuele el paraguas y te quiera llevar consigo. El poder creativo del hombre es su salvación.

A Clémentine le vino a la mente la frase que leía siempre sobre la puerta de la biblioteca de Lenguas y Literaturas extranjeras, cuando iba a ver a su padre:

> No hay nada que sea bueno o malo,
> es el pensamiento el que lo hace tal.

Hacia la mitad del siglo XVI, un hombre lo había comprendido, ¿qué ocurrió después?

41

La Navidad había pasado ya y también enero, uno de los meses más tristes del año.

En febrero Clémentine hizo balance de su vida:

Trabajo: muy bien; muchos centros de salud y también bibliotecas y librerías habían contactado con ella. Le habían pedido que diera breves conferencias sobre su experimento para mostrar los datos de aquellos primeros seis meses. Demasiado pocos, sin duda, pero muy alentadores.

Casa: perfecta.

Amigos: como siempre y con muchos conocidos más gracias a la actividad laboral que se iba expandiendo.

Amor: estaba colgada de un hilo.

De todos modos, llegó marzo y París mostró sus primeras flores. Los jardines estaban espléndidos. Cuando Clémentine atravesaba la cancela de hierro forjado de la entrada, se sentía en un lugar atemporal. A veces se sentaba en un banco de madera o directamente en la hierba, y se dedicaba a mirar a la gente y a respirar.

Aquel día, sentada en un banco, observaba una pequeña girándula de colores y el viento que generaba. Luego miró hacia arriba para ver mejor el plátano que la cubría. Necesitaba diluir una emoción. Había sucedido una cosa que la había conmocionado: había hablado con la madre de Caroline y había conseguido decirle que creía que la niña comía en exceso porque necesitaba colmar una serie de vacíos, y que quizá estos dependían también de ella, la madre. Era posible que también le fuera bien consultar a algún profesional.

Había usado pinzas de cristal al exponer su teoría, utilizando frases hipotéticas y verbos en condicional, pero a pesar de todo, la mujer había explotado:

—¡Cómo se permite usted decirme esas cosas! ¿Quién se ha creído que es? ¿Solo porque ha estudiado cree que puede ofender así a las personas?

—No, mire...

—¡Y no me interrumpa! ¡Y no me levante la voz!

Inútil decirle que la única que gritaba era ella, que debía calmarse, todo inútil. Cuando alguien entra en un túnel es mejor esperar a que salga.

Así pues, Clémentine se había apoyado en la puerta con los brazos cruzados, en silencio.

No era como decir que la razón se les da a los locos, sino: te espero, si es que luego quieres hablar.

—Porque usted ni siquiera se da cuenta de lo que significa sacar adelante a una hija, cómo se atreve a decir que no soy una buena madre, usted no sabe nada, no tiene hijos y creo que tampoco un hombre, está sola y juega a hacerse la intelectual. Con las palabras no se va a ninguna parte. En la vida hacen falta hechos. ¡Solo dinero y hechos! ¡Poca poesía, la vida es un asco! Usted no sabe nada de la vida, está encerrada aquí adentro y no vive. ¡Hay que ver, las cosas que tengo que oír! Nadie se lo había permitido nunca. ¡Yo, a un psicólogo! ¡Qué bien! Es así como se pasan los clientes y aumentan sus ganancias, ¿verdad? ¡Diga la verdad, por favor!

¡Me da asco! Creía que era sincera. Mi hija se había incluso encariñado con usted. Pero ¿qué cree usted saber de ella, de mi hija? ¿Cree que la conoce mejor que yo? ¡Vamos! No tiene siquiera el valor de responder, ¿eh? Venga, ¿dónde ha ido a parar su dulce vocecita?

Si a mitad del túnel somos interpelados, se puede responder. Clémentine había inspirado profundamente, mientras se acariciaba los brazos:

—¿Sabe usted, señora, cuál es el deseo más grande de su hija?

Silencio cargado de tensión.

—¿Qué tiene que ver eso ahora? Es fácil cambiar de tema, ¿eh? ¡¿Qué le he preguntado?!

—Me ha preguntado si creo conocer a su hija...

—Eso es, ¿qué le parece que ha comprendido en tres meses? ¡Eh! ¡Veamos!

—Yo no conozco a Caroline como usted ni nunca lo he dicho, faltaría más. No sé cuál es el esfuerzo de una madre ni qué quiere decir sacar adelante a una hija, y tampoco me permitiría nunca sustituirla a usted o decirle lo que tiene que hacer, pero le pregunto, ¿por qué vino a verme?

—Porque... porque me lo dijeron en la clínica donde tratan a Caroline por el problema de la alimentación, pero ahora estoy pensando que se ponen de acuerdo para pasarse los clientes, ¿verdad?

—Señora, cálmese, vamos a sentarnos y tratemos de entendernos: nadie quiere especular con nadie, mucho menos yo o mis colegas a los que conozco personalmente. Le repito la pregunta: ¿por qué me trajo a su hija, su mayor tesoro, y por qué ha seguido trayéndola?

La señora estaba perdida con tanta calma, pero había vuelto a empezar con más ímpetu aún que antes:

—¡¿Por qué?! ¡¿Por qué?! Porque sí, porque no

puedo verla así de gorda, me da asco, porque he hecho caso a los médicos, y además, porque ella decía que aquí estaba muy a gusto y que quería venir, y yo la he complacido. ¡Solo por eso! Pero si ahora tengo que venir aquí y oír que no soy una buena madre, ¡tardo un segundo en dar media vuelta y marcharme! ¿Le queda claro, señorita?

—Mire, yo no retengo a nadie…

—¡Vale ya con ese tono de monja!

A Clémentine se le había escapado una sonrisa. La habían llamado más de una vez empollona, estudiosa, ratón de biblioteca, marciana, aburrida, ¡pero monja era la primera vez!

—¿Sabe lo que necesita usted, señorita? Un hombre que la trate un poco mal, así se le quitaría ese aire de felicidad que tiene siempre. Un hombre que incluso le levante la mano un poco de vez en cuando, para que tenga la boca bien cerrada. Eso es exactamente lo que le deseo.

—¿Usted me lo desea? No me parece una mala persona, ¿por qué quiere que me hagan daño?

—¡Porque sonríe usted demasiado! ¡Porque es siempre demasiado amable! ¡Porque está demasiado contenta! Usted me pone nerviosa y debería probar los palos, porque no sabe siquiera lo que son. Usted no se da cuenta de lo que significa que un hombre te pegue, no tiene ni idea, pero debería tenerla porque así dejaría de estar siempre tan contenta. Porque hay quien sufre, ¿sabe?

Clémentine, obviamente, no había contestado y había dejado que la mujer se rompiera en un llanto ruidoso y hondo, como un temporal que, desde el horizonte, se acerca cada vez más a la orilla.

—Él me pegaba siempre y yo no sabía qué hacer; Caroline era pequeña y miraba y lloraba detrás del sofá, temblando. Yo temía que le hiciera daño a ella, y por eso me quedaba quieta y no decía nada porque tenía un miedo atroz. En el fondo me merecía esos golpes; soy mala, ¡soy una mala madre y una mala esposa!

Estaba saliendo del túnel. Clémentine había esperado pacientemente a que lo hiciera por sus propios medios, antes de decirle nada.

—Soy mala, pero a mi hija la quiero a mi manera, no conozco otra... Y cuando venía a recogerla aquí, ella me decía que había estado bien y que usted era buena y dulce, y yo pensaba que era mejor que yo. Con usted sonreía, conmigo no lo hace nunca. Está siempre encerrada en su cuarto y me evita. No sabía qué hacer, le recé a la Virgen, y cuando me dieron su tarjeta en el hospital, pensé que era una señal, por eso la traje, pero no tengo ni idea de cuál es el deseo más grande de Caroline; yo le compro de todo, así no me equivoco...

Lloraba sin parar, como una lluvia incesante que cae sobre el tejado durante horas.

—Señora, ¿usted sabe lo que hacen en Japón cuando un jarrón se raja?

No había contestado, y Clémentine había proseguido:

—Inyectan oro en la fisura, usan el material más preciado que existe para decir a todo el mundo que allí había una grieta; en vez de esconder aquello que ha ocurrido, lo ponen en evidencia y lo resaltan sobremanera. Enseñan la historia del jarrón: el recorrido que ha hecho para reconstruirse. Todos tenemos fisuras, y cuando son demasiado grandes y amenazan con romper el jarrón, es necesario repararlas.

»Es importante que haya alguien que te ayude a arreglar el jarrón, a colmar el vacío, el agujero, el silencio... El esfuerzo de la reparación se convierte en algo precioso, y cada cual conserva las huellas, orgulloso de esa bellísima reconstrucción. Queda la cicatriz, pero la piel ahí será más robusta, y el jarrón quedará reforzado y brillante. Los japoneses lo comprendieron hace más de seis siglos; cada uno llega a ese proceso cuando es el momento. Todos somos jarrones rotos que escondemos nuestras fisuras con fuertes y transparentes pegamentos para no mostrarnos frágiles a los ojos de los demás. Sin embargo, nuestras imperfecciones pueden ser una riqueza... ¿qué le parece?

La señora se sorbía la nariz e hipaba. Estaba deshecha. Habían pasado veinte minutos sin que ninguna de las dos hablara.

Entonces la madre de Caroline había dicho:

—Creo que será mejor que me vaya. Por hoy no sabría ya qué decir. Mañana será otro día.

—Está bien.

Se había cerrado la puerta a sus espaldas y, tambaleándose, se había dirigido al ascensor.

Clémentine se había dado cuenta de que la mujer había olvidado las bolsas de las compras en la entrada, y había sonreído con ternura al pensar en su buena fe.

42

Pasaron unos días intensos, como la sal sobre la piel.

Clémentine se hizo muchas preguntas sobre su comportamiento y se reconcilió consigo misma cuando supo por una colega que la madre de Caroline se había puesto en contacto con ella para comenzar una terapia personal con el fin de «arreglar algunas fisuras».

—Ha dicho exactamente eso, ¿sabes? Me parece un buen comienzo, ¿no crees? Hay gente mucho más reacia.

—¡Ya lo creo que lo es! Y me alegra mucho que la atiendas tú. Gracias por haberme llamado.

Cerró los ojos y se reclinó en el respaldo del sillón, estaba feliz por esa noticia.

¡RIIIN, RIIIN!

—¡¿Diga?!

—Hola, Clémentine, soy Thomas, necesitaría el libro, pero no quiero verte —dijo de un tirón.

Ella se hundió en el sillón, triste como un domingo de invierno.

—¿Por qué? —preguntó con un hilo de voz y un nudo en la garganta.

—Porque es muy bonito así, y no quiero echarlo todo a perder.

—Ya lo estás haciendo…

—No, no. Verás, es que necesito verdaderamente el libro y no quiero que sea esta exigencia mía la que cambie los acontecimientos; tendríamos que hablar antes de ello, si conocernos o no, y no lo hemos hecho todavía.

—Como quieras, Thomas… —No quería discutir con alguien sin rostro, ni quería imponer su opinión a alguien que no quería conocerla; pero sabía que ya nada sería igual.

—Hagamos una cosa: le dejas el libro a Hector. Está ahí todavía ¿verdad?

—Sí.

—Bien, se lo dejas a él, y yo paso esta semana sin decirte cuándo. Así, aunque nos crucemos en la entrada, no nos reconoceremos.

Estaba orgulloso de su plan. Clémentine, para nada.

—Está bien; adiós, Thomas.

Rápidamente, envolvió el libro en papel de seda azul y ató el paquete con una cinta de color verde bosque. En la primera página puso una tarjeta, no se pudo resistir. Voló escaleras abajo y llamó a la puerta de Hector.

¡TOC, TOC, TOC, TOC!

—¡Ya voy! ¡Calma, calma! ¡Oh! Clémentine, ¿qué pasa?

—Nada, pero necesito dejar este paquete para Thomas, el inquilino que vivía en mi piso antes que yo; vendrá a recogerlo esta semana y me ha pedido que hiciera usted el favor de guardarlo…

—Con mucho gusto, Clémentine, pero… ¿va todo bien?

—Sí.

—No creía que os conocierais…

—No, justamente, ¡¡no nos conocemos en absoluto!!

Gracias, Hector —dijo con un tono de voz chillón que no era propio de ella.

Corrió escaleras arriba y cuando llegó a su casa lloraba a mares. Se tiró sobre la cama y allí se quedó, hasta que las lágrimas se transformaron en otros pensamientos.

¡Riiin, riiin!

—¡Céleste Éditions, dígame!

—Constance, soy yo, Albert, ¿está el jefe?

—Sí. Te lo paso enseguida, está en su despacho. ¿Has escrito algo nuevo?

—No, ¡serás la primera en saberlo cuando lo haga!

—Jefe, le paso a Albert por la uno…

—¡Querido muchacho! ¿Qué cuentas?

—Tengo que decirle una cosa, aunque me da un poco de vergüenza…

—¿Te he dado alguna vez motivo para que te avergüences conmigo?

—Es cierto que no…

—¡Pues habla entonces!

—Ya no quiero saber nada de la chica de mi novela.

—¿Puedo preguntarte por qué, muchacho?

—La verdad es que ya la he encontrado…

—¿Dónde?

—En el metro, y…

—¿Y?

—Se sentó a mi lado y yo… no me atreví a decirle nada… no sé qué decir…

—No digas nada entonces, basta con que estés tranquilo.

—He pensado que, si las casualidades de la vida me vuelven a llevar a ella sin líos, sin forzar nada, y si en esa ocasión consigo hablar, pues bien, pero si no, se

quedará como un personaje de mi novela, y ya está. Me siento tan estúpido…

El anciano se reconoció en la debilidad del chico, en el hecho de no saber encontrar en el fondo de uno mismo el suficiente valor para ir tras una intuición, un sueño, un impulso.

En aquel momento volvió a verse pocos minutos antes de su boda, sentado en la sacristía, esperando a la esposa que representaba la promesa de una vida que él no quería. Recordaba perfectamente la presión interna y la voz que le susurraba que fuera un hombre por una vez al menos, pero nada, apenas media hora después dijo un sí para siempre, y un anillo le apretaba el dedo.

—¿Tú eres ese tipo de escritor que después de acabar un libro no vuelve a pensar ya en sus personajes?

—Creo que no; he pensado en ella noches enteras, pero hace demasiado poco tiempo que ejerzo este oficio para asegurarlo.

—Entonces escribe otro libro, y así lo descubriremos. Hasta luego, chico, y estate tranquilo siempre.

—Ya nos veremos y… ¡siempre gracias!

43

Clémentine trató de no volver a pensar en Thomas y dejó de responder al teléfono. No preguntó nada a Hector, no quería saber si había ido ya o todavía no. Lo único que hizo fue mirar de arriba abajo a cada persona nueva que veía en el portal.

Por lo demás, no veía la hora de que llegara el miércoles para descubrir la sorpresa de Rémy.

Y el día tan esperado, llegó.

En casa de los Dubois se cocía algo, y la abuela observaba a sus nietos.

Delphine estaba rara, quizá se había enamorado, porque se mostraba mucho más segura de sí misma y salía con mayor frecuencia. La abuela estaba segura de que, en sus salidas, no iba con Charlotte, su amiga del alma, porque una vez esta había telefoneado para citarse con Delphine que, según había dicho, había quedado, precisamente, con Charlotte.

Desde la ventana la había visto bajar de un coche oscuro. Debía de tratarse de un chico con carnet de conducir.

¡Ding, dong!

—¡Voy yo! —gritó Delphine—. ¡Sí! ¡Bajo! —respondió al telefonillo—. Me voy, vuelvo ahora mismo, ¿pasa algo si traigo a alguien, mamá?

—Claro que no, cielo, pero quién…

—¡Hasta luego!

—Mamá, ¿pasa algo si yo también traigo a alguien? —preguntó Rémy.

—Claro que no, cielo, pero quién…

—¡Tranquila, mamá!

Delphine bajó como un rayo; él ya la estaba esperando en la calle.

—¡Hola, pequeña!

—¡Hola!

—¿Estás segura?

—¡Sí! ¡Estoy segura! No estamos haciendo nada malo.

—Tienes razón: vengo a conocer a tu madre —subieron juntos, él y ella. Cogieron el ascensor.

¡DING, DONG!

—¡Mamá, soy yo!

—Buenos días, señora… —dijo él.

La madre, que había ido a abrir, se quedó parada en la entrada al ver a la persona que acompañaba a su hija. Podía esperarse de todo, pero un viejecito… no.

—Señora Dubois, es un honor conocer a la madre de Delphine.

—Es un placer también para mí, señor…

—Lucien Arnaud.

—Mamá, ahora te lo explico todo —dijo Delphine, muy tensa.

—Vamos a sentarnos al salón, por favor, por aquí…

—A ver, mamá… —comenzó Delphine, pero se echó a llorar—. ¡Te juro que no lo he hecho con maldad! ¡Te lo juro! ¡Perdóname! —repetía Delphine, muy excitada.

—¿Qué ocurre? —se sorprendió la madre—. Delphine, ¿te puedes explicar?

—Yo tampoco entiendo nada, señora...

La abuela había llegado desde la cocina atraída por el jaleo y se había quedado parada en el umbral sin interrumpir, pero en una buena posición para escucharlo todo.

La jovencita, entre sollozos, consiguió decir:

—Yo... respondí al anuncio en que se pedía información sobre la chica de *Fábula en París*, porque tenía la firme sospecha de que era Clémentine, y como estaba muy enfadada con ella... —Delphine se echó a llorar de nuevo.

—Sigue, cielo...

—Di la información sobre ella con la condición de que, a cambio, el editor leyera mi manuscrito.

—¡¡¿¿Tú has escrito un libro??!!

—¡Sí! ¡Y Clémentine lo descubrió! No lo sabía nadie, y me enfadé tanto que decidí, por un lado, vengarme y, por otro, aprovechar la ocasión para mí. Después de la fiesta de Navidad, me arrepentí, pero ya tenía un compromiso con Lucien...

La abuela se estremeció.

Llegados a ese punto, el editor se vio obligado a intervenir.

—Después de leer el manuscrito de Delphine no podía dejar de publicarlo; es de una belleza extraordinaria, tiene un encanto enorme y un genial sentido de la ironía. He venido hoy para conocerla, señora Dubois, dado que Delphine es menor de edad...

»Y por lo que veo, si no he entendido mal, Clémentine es la protagonista del libro de moda, ¿no?

—¡Exacto! —dijeron a coro.

—Nuestra Clémentine es... es... Y tú has escrito un... —La madre no podía creerlo.

—La idea de buscar a la chica fue mía, no del escritor, porque creo en los... ¡Porque no se pueden dejar pasar las ocasiones! Porque yo dejé escapar a la única persona que amaba y no estoy en paz conmigo mismo. Pero esa es otra historia... En definitiva, estoy aquí hoy...

La abuela hizo un ruido y todos advirtieron su presencia.

—¡Abuela Céleste! Ven, que te presento al editor Lucien Arnaud.

La abuela hizo un gesto y volvió a refugiarse en la cocina.

El anciano estaba todavía absorto y la chica, nerviosa.

—Querida niña, no entiendo nada, ¿qué ocurre ahora?

—Me siento culpable respecto a Clémentine, y me parece que la he traicionado al darle todas las señas para encontrarla.

—La vida ofrece sus oportunidades más veces, pero, ¿sabes?, ya no las quiero.

—¡¿Cómo?!

—Ya no las necesito; el autor ha decidido que se suspenda la investigación por motivos personales suyos, ¡de manera que no ha pasado nada! ¡Deja de llorar!

Delphine arrugó el papel que tenía en el bolsillo en el que había escrito toda la información para encontrar a Clémentine.

—¿Y nuestro acuerdo, entonces?

—Yo soy un hombre de palabra, y aunque se cayera el mundo, publicaría tu novela incluso sin intercambio de favores. Es verdaderamente buena, pequeña; y lo más maravilloso es que tú no te das cuenta.

Se veía que la madre tenía una curiosidad enorme por leerla.

—Señora, he traído ya el contrato que pedí que prepararan, y se lo dejo; usted lo lee con su marido y si consideran que la publicación del precioso libro de Delphine puede ser algo positivo para ella, me llaman y nos vemos de nuevo. Puedo volver yo sin ningún problema; me gusta esta casa... Se respira un buen ambiente.

Se despidieron y, cuando el anciano se marchó, todos los que vivían en el tercer piso del número 14 de la Rue Le Monde se quedaron muy impresionados.

44

Thomas decidió ir a recoger el libro a la portería de Hector hacia las cinco. Mientras caminaba, ajustándose la chaqueta, volvió a pensar en los últimos acontecimientos y sintió cierto remordimiento por su elección; quizá había sido demasiado duro.

Encontró al portero por un pelo, porque estaba saliendo de su casa.

—¡Buenas tardes, Hector!

—¡Thomas, querido, ¿cómo estás?! Te veo en forma. ¿Cómo tú por aquí?

¿Ella no se lo había dejado? Thomas frunció el entrecejo.

Hector, que desde que era abuelo a veces se despistaba, se acordó al instante y entró en casa a coger el paquete.

—Has venido a por esto, ¿verdad?

—Así es.

—No sabía que Clémentine y tú os conocíais…

—De hecho, no nos conocemos prácticamente de nada… —mintió él, y se avergonzó un montón.

—Pues es una pena, jovencito; ¡no sabes lo que te pierdes!

—¿En qué sentido?

—¡En todos los sentidos! Es la vecina más deliciosa que haya tenido nunca el número catorce de la Rue Le Monde, y con eso te lo he dicho todo. —Le guiñó un ojo, como solo los porteros saben hacerlo.

—Bueno… espero conocerla algún día…

—También yo lo espero por ti. Ahora te dejo, que tengo una cita importante arriba. ¡Cuídate! —dijo Hector, y cogió un ramito de muguete para llevárselo a la señora Dubois.

—¡Ya nos veremos, Hector! ¡Gracias!

Thomas bajó los pocos escalones del portal y en el mismo instante en que pisó la calle y se cerró la puerta de entrada a sus espaldas, Clémentine abrió la puerta de su casa para ir al té sorpresa de Rémy.

Se hallaban ya todos sentados en torno a la mesa de la cocina y saboreaban el té, un poco nerviosos.

Delphine estaba todavía visiblemente alterada y tenía los ojos enrojecidos.

Se había sentado al lado de Clémentine para expiar su culpa y había quedado con su madre en que pensarían con calma si contárselo todo o no.

La abuela era como si estuviera en otro mundo, y Rémy miraba por la ventana moviendo los pies.

Clémentine, con aire despreocupado, preguntó en voz baja a Hector:

—¿Vino a por el paquete, ese tal Thomas?

—Hace justo cinco minutos. —El portero bebía su té, pero con el rabillo del ojo la vio entristecerse como pocas veces la había visto.

—¿Estás bien, Clémentine?

—¡Claro! —respondió ella demasiado alto y fingidamente feliz.

¡DING, DONG!

—¡¡Mi sorpresa!! —aulló Rémy.

Menos mal que estaba él.

—Cielo, pero ¿quién es?

—Pues, mamá...

Subió un joven muy atractivo, como de unos veintidós años.

—¿Eres tú, Rémy?

—¡Sí! ¡Hola, Sébastien! ¡Adelante!

La madre no entendía nada, pero se fiaba.

—Señoras y señores, hoy, en nuestro té, tenemos el honor de contar con la presencia de Sébastien Delacroix! ¡TACHÁN!

—¡Buenas tardes a todos! —dijo el joven, no muy emocionado.

Era alto, delgado y con aspecto de nadador. Tenía el pelo castaño y los ojos verdes, y calzaba unas zapatillas de gimnasia muy grandes. De la chaqueta le colgaban unos auriculares, y nadie habría imaginado que hasta hacía poco, en el metro, estuviera escuchando a los Beatles.

—¡¿Es el de nuestro juego de la guía telefónica?! —dijo Clémentine, alucinada.

—¡Exacto!

Delphine, algo melancólica, levantó la mirada y la plantó sobre el chico.

—¿Estáis contentos? —preguntó Rémy—. He llamado a Sébastien y se lo he contado todo; se ha divertido mucho y ha aceptado enseguida la invitación.

—En efecto, sentía mucha curiosidad por conocer a quienes me habían dado una vida de cuento.

—Ven, siéntate, mira aquí hay un sitio, junto a Delphine.

La joven se recompuso la cara todo lo que pudo y le hizo sitio.

—¡Pero las sorpresas no se han acabado!... Aún queda...

¡DING, DONG!

—¡Ya voy yo!

Rémy volvió con Lisette. Flores a domicilio en cualquier punto de París, una señora que tenía a ojos vista la edad de Hector, el cual guardaba todavía sobre la mesa los muguetes para la señora Dubois y que entregó a Lisette para darle la bienvenida.

Todos charlaron entre sí y por parejas, y el ambiente fue cálido y agradable. Había sido un niño el que lo había organizado todo, y el acontecimiento no podía dejar de conmover a los presentes.

Rémy ponía muchas esperanzas de futuro en el té del miércoles y lo demostró con ese regalo.

Por tal motivo, el té de aquella tarde se quedaría para siempre en el recuerdo y en el corazón de los vecinos de la Rue Le Monde.

45

Cuando estuvo en el metro, Thomas abrió el paquete que contenía su libro.

Seguía siendo su libro de siempre, pero olía un poco a ella. Se lo llevó al pecho y lo olió intensamente.

Al ponerlo vertical, cayó una tarjeta.

Estaba doblada en dos.

Me hubiera gustado intercambiar la mirada contigo.

C

Se bajó en la primera parada y volvió a coger un metro en dirección opuesta.

Tenía la oportunidad de ser un hombre.

Corrió por la calle, llegó al portal, que encontró abierto, y subió volando por la escalera.

¡DING, DONG!

Clémentine acababa de subir después del té y supuso que sería Rémy que quería preguntarle de nuevo cuánto le había gustado la sorpresa.

Por ello, fue muy contenta a abrir la puerta y…

Y todo se detuvo, porque faltan las palabras para describirlo.

Él titubeó por la emoción de tener los ojos de Clémentine tan cerca y tan intensos.

Ella lo miraba de frente y se perdió en los suyos, profundos y amables.

Clémentine lo cogió del brazo y lo condujo hasta el sillón rojo de la entrada para que se sentara.

Ella se fue al estudio, se sentó en el sillón verde y cogió el auricular del teléfono.

—¡Riiin, riiin! ¡Responde, es para ti! —exclamó ella riendo.

Thomas tardó un momento en entender que debía levantar el auricular del teléfono que estaba junto a él.

—¿Diga?

—¡Hola! Soy yo, Clémentine...

—Ah, hola... ¿cómo has conseguido mi número?

—¡Se lo he pedido a Hector! Un buen portero conoce las nuevas señas de un inquilino que se ha cambiado de casa, por si llegara alguna carta o...

—Entonces tendré que darle las gracias. ¿Cómo es que me llamas?

—Hoy ha llovido y me he acordado de ti, porque otra vez iba sin paraguas —admitió ella.

—¿No lo coges nunca?

—Lo había olvidado, y mientras me mojaba, he pensado que en los libros hay a menudo escenas de lluvia que crean muy bien una ambientación, una ambientación... no me sale el nombre.

—Entiendo lo que quieres decir: una ambientación novelesca, de portada. Al fin y al cabo los personajes de los libros no se mojan, y el escritor puede inventarse que llueva cuanto quiera; las personas de papel no temen a la lluvia, ni al viento que se las lleva.

—¿Has dicho personas de papel? —se extrañó Clémentine.

—Sí…

—Dime, tú has leído *Fábula en París*, ¿verdad?

—Sí, pero ya lo hablamos.

—Sí, pero hoy lo recordaba todo el rato porque en esa novela llueve con frecuencia. La he releído hace poco y querría que me dijeras si para ti es una historia posible o un bonito cuento.

—¿Por qué quieres saberlo? —preguntó él, un poco sorprendido.

—Porque ese libro me ha gustado mucho y me ha conmovido, como si fuera una invitación a no conformarse con un amor tibio, sino a buscar algo fabuloso.

—Yo creo que el escritor podría ser un tipo muy… muy…

—¿Muy dulce y apasionado?

—¡Sí, eso es!

—… ¿y a la vez muy delicadamente profundo e intenso?

—En mi opinión, ciertas cosas no pueden inventarse; tal vez la ambientación, sí, pero los personajes se parecen siempre a alguien que el escritor conoce. En este caso el protagonista es él sin duda, porque es demasiado preciso al describir su alma tan…

—¿Tan inmensa?

—Pues… sí… pero ¿y la protagonista? ¿Tú has conseguido identificarte con ella?

—Con ella que es tan…

—¿Tan intensamente viva? —dijo Thomas con voz ronca.

—Bueno… En realidad la he sentido bastante cercana a mí…

—Pero dime sinceramente, ¿tú consideras verosímil esa historia entre los dos, en la vida real? —preguntó Thomas, ansioso por conocer la respuesta.

—Bueno… Digamos que si es la historia de un hombre verdaderamente como es él y la de una mujer como es ella, ¡pues entonces, sí! —concluyó Clémentine.

—Es lo que yo creo. En una entrevista, el autor declaró que sería capaz de todo para defender su amor, y me parece que lo ha demostrado al escribir esta novela para ella, ¿no?

—¿Es decir, que él no pretendía el éxito ni la fama, sino que la escribió solo para ella?

—¡Sí! ¡Eso es!

—Pero ¿cómo podía saber que ella era una buena lectora? Según las estadísticas, hay muchas más probabilidades de que haya personas que no leen.

—Ella solo podía ser una buena lectora, pues describe su mirada como la de una persona que es feliz.

—¿Cómo?

—El arte, la literatura, el cine te ayudan a vivir mejor, y yo también lo veo cuando conozco a una persona, veo si disfruta de felicidad interior.

—Ah… ¿tú crees que él había visto todo eso en ella?

—Creo que sí, porque si no ¿cómo podría haber descrito tan bien cada detalle?

—¿Tú eres uno de esos que se encariñan con los personajes de una novela?

—Sí, mucho; pienso en ellos incluso después de acabar la lectura, pienso en su vida que prosigue más allá del libro. Perdóname, me siento un poco tonto…

—No, no, me encanta. Pero ¿sabes con quién me encariño yo más?

—No… —dijo Thomas, ya desinhibido por aquellas confidencias íntimas que no había compartido nunca con nadie.

—Yo me siento muy unida al escritor, porque me siento involucrada como lectora y quizá sea presuntuosa, pero creo que el libro ha sido escrito también para mí.

—¿De verdad sientes todo eso?

—Sí, me siento implicada en una relación con el libro. Imagínate que hace años dejé a un chico por ese motivo…

—¿Cómo?

—Estaba celoso de esa relación mía, no la entendía, pero éramos muy jóvenes y tal vez yo jugaba también un poco a hacerme la intelectual.

—Por tanto, después de haber leído ese libro, ¿si el escritor te pidiera para salir, lo harías?

—Bueno, digamos que es un hombre que podría interesarme…

Él guardaba un silencio demasiado silencioso.

—Oh… perdona… ¿He dicho algo inconveniente?

—¡No! Yo te he hecho una pregunta íntima y tú has respondido con sinceridad. En cualquier caso, creo que si el escritor se encontrara verdaderamente frente a ella, estaría impaciente por besarla, en primer lugar.

—¿Eso también lo oíste en la entrevista?

—No, pero en un hombre no es difícil imaginarlo, la describe como una belleza antigua…

—¿O sea que le interesa solo su belleza?

—¡No! ¡No, absolutamente no! En mi opinión, podría haberse enamorado de ella tan solo hablando por teléfono.

—Bueno… me gustaría verlos juntos… ¡Quién sabe si saldrán a la luz una vez que él la encuentre!

—…

—¿Estás seguro de que él tendría tantas ganas de besarla?

—¡Como la tierra ansía la lluvia!

—¿Y cómo sería de inmenso su amor?

—¡Como el cielo y el mar!

Ella colgó y él la encontró en la oscuridad del estudio. París, afuera, era un mundo de luces que latían como muchas almas.

Ellos, adentro, se estaban convirtiendo en una sola cosa.

Cogiéndole la cara entre las manos, él le dio el beso más bello del que se hubiera escrito jamás.

Agradecimientos

Agradecer es algo bellísimo, porque no se da nada por descontado y todo se convierte en un regalo.

Iré por partes.

Gracias a los lectores de mi manuscrito, desde el primero hasta el último, porque fuisteis determinantes en mi decisión de enviarlo a las editoriales. A partir de mis padres, mi hermano, mi tía, mi abuela, mi suegra, mi cuñada y todos los amigos, cada uno de vosotros me dijo cosas diferentes e importantes que me transmitieron mucha energía y que recordaré toda la vida (¡sabéis que tengo mucha memoria!).

Al grupo S.P.E.C.T.R.E. (Sociedad para Editar y Corregir Textos Considerados Excelentes), nacido de la voluntad y de la pasión de Loredana Lipperini e Isabella Moroni. El grupo está formado por lectores voluntarios que desarrollan un trabajo valioso y erudito. El objetivo es, justamente, el de ofrecer la posibilidad de que un conjunto de buenos lectores, no profesionales, pero siempre ligados a la literatura, al periodismo y al sector editorial, lean las obras de los autores. Gracias porque en el mundo hay alguien que hace las cosas por placer y por el bien de otros sin pedir nada a cambio. Gracias de verdad a dos lectores en particular, Giulietta Stirati y

Lorenzo Gasparrini, que desempeñaron la tarea de leer mi novela y redactar las fichas de valoración. Lloré una tarde entera después de leerlas. Vosotros no sabíais quién era y fuisteis sinceros y cercanos como si fuéramos íntimos. ¡Conoceros ha sido un inicio!

Muchos de los lectores del manuscrito me dijeron que mi novela les recordaba a *La elegancia del erizo* y a *El fabuloso mundo de Amélie*. Yo misma me di cuenta también de ello al acabarla, y comprendí mejor la deuda que tengo respecto a esas dos obras a las que amo. Me pregunté si sería oportuno modificarla; luego decidí dejarla así, precisamene para rendirles un homenaje, porque me llegaron al alma y ahora forman parte de aquello que soy y de todo aquello que escribo y que escribiré, y esto me parece algo grandioso y conmovedor en ciertos aspectos.

Pero mi deuda es con toda mi vida y con los vínculos que he creado. Lo que piensa Albert Séraphin (el escritor de mi novela) sobre los escritores es exactamente lo que yo pienso: no se escapa uno de la propia alma, ni se olvida lo que nuestros ojos han visto y nuestros oídos han escuchado; todo está en nuestro interior y antes o después querrá manifestarse de alguna forma: escribir es una de las muchas salidas de emergencia.

Por vuestros consejos específicos, mil gracias a:

Angela Catrani, mi primera editora, perdidamente enamorada no solo de la lengua italiana; el tiempo sabrá recompensar tu devoción por los libros, lo sé.

Morci, apasionado y diligente librero. Escucho siempre con mucha atención lo que dices.

Andreina, persona Especial.

Irene, PR nacida con el entusiasmo de un caballo de carreras.

Fede, abogado con un alma inmensa.

Gracias al grupo GeMS, en especial a Cristina Prasso, porque me habían dicho que, en un gran grupo editorial, no encontraría más que tiburones dispuestos a todo. Sin embargo, aquella mañana en Milán, encontré personas que no tenían nada de salvajes y, por el contrario, me impresionaron por la empatía, la acogida, la franqueza y la profesionalidad. Comprendí entonces que una editorial es verdaderamente una casa en la que entras y, si eres afortunado, te sientes en la tuya propia, como me ocurrió a mí: ¡estaba casi por calzarme las zapatillas!

Gracias de corazón a Chiara Ferrari, mi editora. Porque antes de trabajar sobre el texto, te quedaste el manuscrito, lo llevaste por todas partes y lo enseñaste cuando pensabas que era el momento adecuado. Gracias porque leíste detrás de las palabras, excavaste en las frases, buscaste aquello que en un libro está pero no se ve.

Un gracias enorme a Valerio Vascon: apareciste en mi vida cuando te necesitaba. Nada ocurre por casualidad. Esta es la confirmación. Has determinado todo lo que está ocurriendo en torno a este libro. ¿Te parece poco?

Gracias a todos los editores, los libreros y los bibliotecarios que en este panorama de cambio en la historia del mundo editorial defienden con pasión y sacrificio el libro y la lectura, que tienen un tiempo y un lugar totalmente propios y solo quien es lector lo sabe y lo siente.

Gracias a mis niños: mientras escribía me preguntabais si había acabado ya el *best seller*, y después de acabarlo, si lo habían traducido ya al *parisino*. ¡Larga vida a todo aquello que dicen los niños!

Gracias, Silvio, porque estás junto a mí como el primer día, mejor dicho, más unido todavía. Gracias porque miras siempre más allá, y esta es tu grandeza y tu amor.

Gracias a toda mi gran familia por el apoyo y el amor incondicionales.

Infinitas gracias a ti, mi lector del aquí y del ahora, tú que has gastado tiempo y quizá incluso dinero para poder hacer esta lectura. Espero haber estado a la altura de tus expectativas y que hayas sentido alguna emoción. Porque nuestra vida se basa solo en las emociones y las necesitamos para sentirnos parte de algo maravilloso. Gracias de verdad por tu fe en mí: si pudiera te lo diría mirándote a los ojos. Querría no parar, para no despedirnos, ¡pero antes o después debe ocurrir! Clémentine estará siempre contigo y así mismo Rémy (me ha dicho él que te lo diga), y también todos los demás del número 14 de la Rue Le Monde, porque este es el poder de la palabra escrita; y cuando mi abuelo decía: *verba volant, scripta manent*, sabía lo que decía.

Entonces, adiós
y un gracias infinito
a todos aquellos que no he nombrado
pero que yo sé quiénes son.

Cristina Petit
Bolonia, 10 de febrero de 2015

© Marianna Cappelli

Cristina Petit

Cristina Petit nació en Bolonia. Actualmente es profesora de escuela primaria y ha trabajado para distintas causas humanitarias. Apasionada de la ilustración, el arte y la fotografía, es responsable del blog Maestrapiccola. *Algo parecido al verdadero amor* es su primera novela, con la que ha conquistado el corazón de miles de lectores.